KB236045

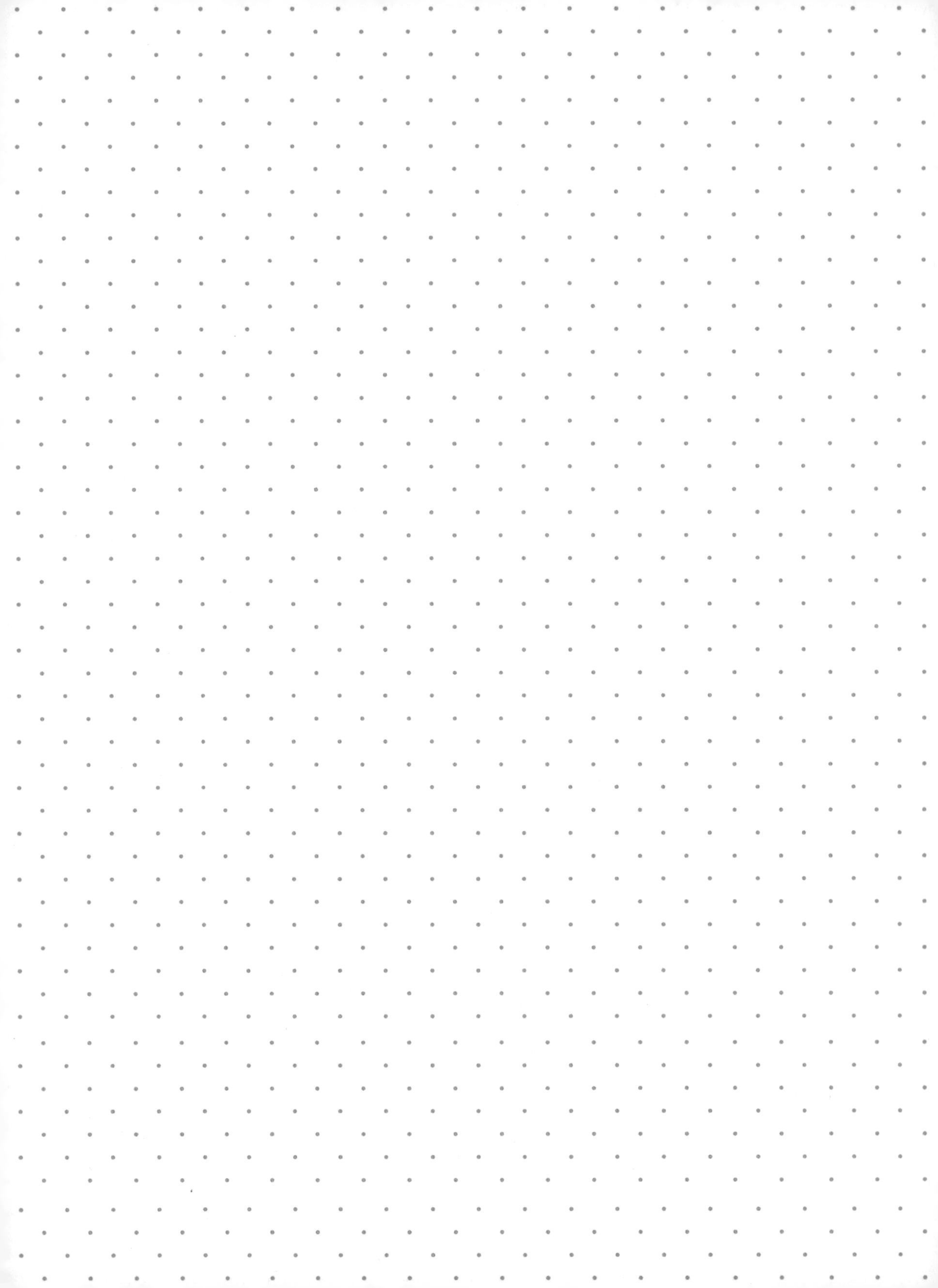

육아수납
인테리어

육아수납 인테리어

0~10세 아이를 둔 엄마들의 정리수납 지침서

Emi 지음 | 박재현 옮김

심플라이프

가족 모두가 만족하는
4인 가족 자동 수납 시스템

우리집은 나와 남편, 남매로 이뤄진 4인 가족이다. 남편은 평범한 직장인이고, 네 살 난 두 아이는 쌍둥이 남매다. 나는 몇 년 전부터 정리수납 어드바이저로 일하며 칼럼을 쓰고, 세미나를 개최하는 한편 상품개발 프로듀서로도 활약하고 있다. 그러니까 나는 아내이자, 엄마이며 일하는 여자라는 1인 3역을 맡고 있다. 그런 만큼 몸과 마음이 늘 바쁘다. 그럼에도 나는 지금 이 모든 일에 큰 부담을 느끼지 않고 만족하며 생활하는 편이다. 하지만 내가 처음부터 이랬던 것은 아니다.

아이들이 자라 18개월이 됐을 때 나는 다니던 직장에 복직했다. 그때부터 전쟁이 시작됐다. 어느 정도 각오는 했었지만 막상 눈앞에 닥친 현실은 상상을 초월했다. 직장 일과 집안 일, 육아를 동시에 감당하기엔 너무나 많은 에너지와 시간이 들었다. 남편이 가끔 도와주었지만 끝도 없이 반복되는 일들을 처리하느라 나는 조금도 쉴 틈이 없었다. 주말이면 휴식은커녕 밀린 집안 일을 하느라 몸과 마음이 지쳐 나가떨어지고, 그러다 보니 남편과 다투는 일도 점점 늘어만 갔다. 위기였다. 그렇다고 직장을 그만두고 싶지도, 육아와 집안 일을 안 할 수도 없는 노릇이었다.

나는 내가 살기 위해서라도 이 모든 일을 더 쉽고 간편하게 해결할 방법을 만들어야 했다. 남편이 직장에서 자신의 능력을 충분히 발휘하고, 아이들이 안심하고 놀고, 무엇보다 내가 스트레스 없이 집안 일과 육아에 전념할 수 있는 특단의 조치가 필요했다. 큰 노력과 시간을 들이지 않고도 집안 일이 술술 해결되는 집, 피곤과 짜증 대신 웃음과 여유가 흘러 넘치는 집, 빨리 들어가 쉬고 싶은 집, 그 즈음 나는 그런 집을 직접 만들기로 마음먹었다.

이 책은 그렇게 지난 5년 동안 우리 가족 모두가 함께 만든 수납정리 노하우, 살림과 육아에 관한 모든 비법이 담겨 있다. 우리 집에 적용된 모든 원칙은 '이렇게 하라'는 정답에 맞춰져 있지 않다. 대신 살면서 느낀 우리 가족의 생각과 의견, 습관, 취향, 미래의 모습까지 반영해 만들어졌다. 그래서인지 우리 생활에 딱 맞는 시스템이라고 자부한다. 특히 네 살밖에 되지 않은 쌍둥이들은 요즘 혼자서도 유치원에 갈 준비를 거뜬히 해낸다. 어릴 적부터 자기 물건을 스스로 정리하도록 가르치고 그렇게 할 수 있는 수납 시스템을 만들어준 덕분이다.

집은 가족의 행복이 시작되고 완성되는 곳이다. 사랑하는 가족이 먹고, 자고, 모든 것을 공유하는 장소인 만큼 그 어떤 곳보다 소중하다. 그런 공간이 되려면 나뿐만 아니라 가족 모두가 편안하고 만족스러운 생활 시스템이 갖춰져야 한다. 이 책은 바로 그런 필요성에 맞춰져 있다. 한 번의 동작으로, 정리는 단번에, 한번 해 놓으면 오래 유지되고, 누군가 챙겨주지 않아도 각자 스스로 할 수 있는 시스템이니 남편이나 아이의 만족도도 매우 높다.

이처럼 가족 모두가 만족하는 시스템을 만들기란 쉽지 않다. 그만큼 많은 시행착오를 거쳐야 한다. 다행히 이 책을 사보는 독자들은 내가 겪었던 숱한 시행착오를 겪지 않아도 될 것이다. 사는 방식은 제각각 다르겠지만 주부라면 아마 이 책에서 크고 작은 힌트들을 얻을 수 있을 것이다. 나는 이 책을 특별히 직장 일과 집안 일, 육아를 병행하는 워킹맘들에게 추천하고 싶다. 아이는 어지르고, 엄마는 치우는 반복된 생활에 지친 엄마, 잔소리를 하지 않으면 꼼짝도 하지 않는 남편에게 질린 아내, 안팎으로 쌓이는 일더미에 치여 일상이 전쟁처럼 변해버린 여자들에게 이 책이 잠시 삶의 여유를 찾아주는 비상구가 되어주길 바란다.

Cemi

Contents

chapter **1** 거실에 대하여 

Living and Dining room

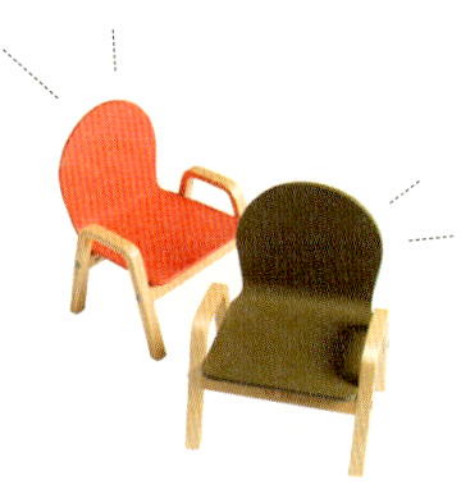

Information Space

Column 1

Bedroom

Entrance

Column 2

chapter 3 육아에 대하여

Kids' space

Column 3

chapter 4 내 아이 사진 정리법 

'심플라이프'의
진짜 의미

정리수납 어드바이저라는 직업 때문인지 사람들은 나를 부지런하고 깔끔한 성격일 거라고 생각한다. 하지만 나는 의외로 "귀찮아!"라는 말을 입에 달고 사는 사람이다. 그래서 내가 꿈꾸는 집은 구석구석 말끔하게 정리된 '완벽한 수납'이 아닌, 바쁜 와중에도 생활은 정상적으로 이뤄지는 '적당한 수납'을 기본으로 한다. 개지 않고 그대로 집어넣는 수납, 각을 맞춘 듯 반듯하지 않아도 되는 수납, 조금 부족해도 기분이 좋으면 그것으로 충분한, 말하자면 마음의 여유가 있는 수납을 지향한다. 요즘 유행하는 '심플라이프'를 내 식대로 해석하자면 가족 모두가 쉽고 편하게, 큰 노력을 기울이지 않고도 즐겁게 지내는 것을 뜻한다.

이것은 원래 있던 물건들을 바꾸지 않고 사용방법을 조금씩 바꾸는 것에서부터 시작된다. 예컨대 나는 세면실에 들어갈 때마다 문을 열고 닫는 게 참 성가셨다. 그래서 관점을 바꿔 문을 떼어내 버렸고 그 덕에 동작 하나로 타월을 꺼낼 수 있는 수납 시스템을 만들었다. 힘들이지 않고 간편하게 사용할 방법을 찾는 것, 그 결과 가족 모두가 기분 좋게 생활할 수 있는 것, 그것이 바로 내가 생각하는 심플라이프다.

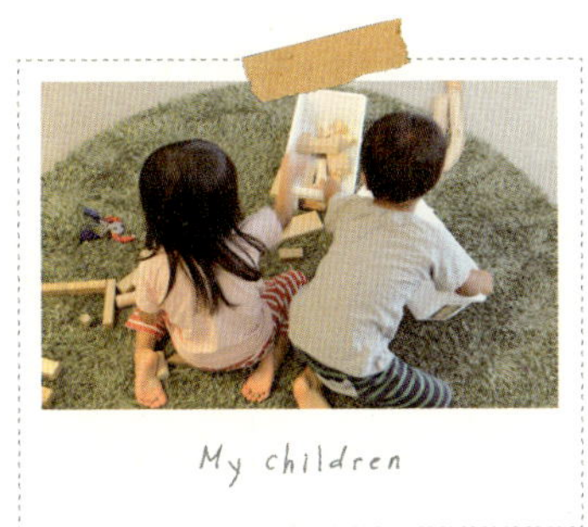

수납에 있어 내가 오래 전부터 참고해온 것은 공공시설의 공간 활용이다. 이를테면 학교나 유치원은 성격이 완전히 다른 사람들이 수시로 드나들고, 사용하는 사람도 제각각이다. 하지만 대체로 말끔하게 정돈되어 있다. 그 이유를 꼽자면 첫째, 자주 사용하는 물건을 엄선하고 양이 적다는 점. 둘째, 선반 · 바구니 · 라벨링 수납이 잘 이뤄지고 있다는 점. 셋째, 매우 심플하여 한눈에 알 수 있어 누구나 간편히 사용하고 제자리에 놓을 수 있다는 점 등이다. 이것은 단순해 보이지만 수납에 있어서 매우 중요한 원칙이다.

엄밀히 말하면 집도 성격과 취향이 각각 다른 사람들이 모여 사는 장소다. 나는 공공시설의 수납 원칙을 참고하여 일단 자주 사용하는 물건을 엄선하고, 수납장 · 바구니 · 라벨링을 활용해 수납했다. 한꺼번에 하지 않고 시간이 날 때마다 조금씩 하다 보니 어느새 구석구석까지 편안한 수납 시스템이 완성되었다. 네 식구 모두가 편안하고 만족하는 심플라이프가 완성된 것이다.

가족의 빛깔과
향기가 있는 집이 진짜 집

'집이 오래 돼서', '관리가 어려워서', '좁아서', '바닥색깔이 어두워서'…….

집을 좀 정리하려고 하면 온갖 핑계들이 정리하고픈 마음을 방해하고 나선다. 실제로 지금 살고 있는 집에 만족하는 사람은 드물기 때문에 누구나 이런 핑계 한두 개쯤은 갖고 있다. 하지만 이런 핑계나 현실적인 이유를 들어 자꾸 포기하다 보면 당신은 평생 원하는 집에서 살 수 없을지도 모른다.

좋은 집, 편안한 집, 보기에도 좋은 집은 하루아침에 완성되지 않는다. 다양한 방법을 시도하고 또 그만큼의 시행착오를 거치면서 조금씩 완성되어 가는 것이다. 한 가지 분명한 사실은 꿈만 꿔서는 절대 원하는 집에서 살 수 없다는 사실이다. 작은 것부터 직접 손과 발을 움직여 시작해야 한다. 그렇게 조금씩 하다 보면 가족들의 빛깔과 향기가 깃든 집이 만들어진다. 사실 집을 꾸미고 만들어나가는 과정은 가정을 일궈나가는 과정과 매우 비슷하다.

나는 결혼 후 5년간 빌라를 임대해 살았다. 임대한 집이었기에 맘대로 고칠 수도, 큰 돈을 들여 꾸밀 수도 없었다. 그래서 나중에 원상복귀를 할 수 있는 범위 내에서 현관 바닥에 나무판을 깔거나 주방의 벽을 DIY로 바꾸는 등 작은 변화를 시도했다. 성에 다 차지는 않았지만 그 과정들이 모두 공부가 됐던 것 같다. 이후 낡은 맨션을 분양 받아

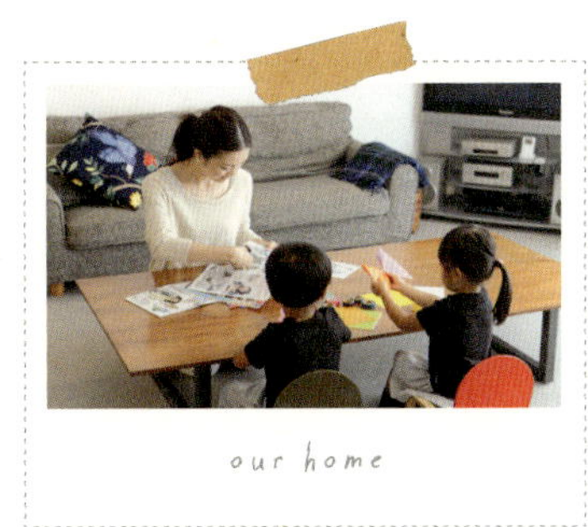

이사를 했다. 이사를 한 것까지는 좋았지만 베이지색 벽과 짙은 갈색 바닥이 처음부터 거슬렸다. 곳곳이 낡아 영 맘에 들지 않았다. 나는 그때부터 시간이 날 때마다 조금씩, 페인트를 칠하거나 카펫을 깔면서 집을 바꿔 나갔다. 남편과 둘이서 할 때도 있었고, 어린 아이들의 손을 빌려서 한 적도 있다. 그렇게 하나씩 가족의 정성과 색으로 물들이기를 3년째, 비로소 '우리집'이 완성되었다.

내가 생각하는 '멋진 집'이란 그곳에 살고 있는 사람들의 빛깔과 향기가 저절로 우러나는 곳이다. 유명가구나 값비싼 인테리어, 트렌디한 물건으로 가득 찬 집이 아니라, 오래 전부터 갖고 있던 물건들이 조화를 이루고, 추억이 살아 있는 집, 그들만의 스토리가 잔잔히 어우러져 생활 속에 배어 있는 집 말이다. 그런 집에 가면 그 집에 살고 있는 가족의 역사나 성격을 고스란히 느낄 수 있다. 그런 집에 가면 집은 물론 그곳에 사는 사람들에게도 매력을 느낀다.
내 가족이 만든 집, 내 가족들도 그랬으면 좋겠다. 여러분들도 이 책과 함께 가족의 향기가 우러나는, 편안하고 행복한 집을 만들어 보길 바란다.

우리집 배치도

남편과 네 살 난 쌍둥이 남매 그리고 나, 이렇게
4명이 생활하는 우리집은 80m²의 방이 3개, 거실과 주방이 있는 아담한 집이다.
2년 반 전에 이 집으로 이사했다. 거실로 이어지는 미닫이문을 열면 작은 방 2개가 연결돼
전체적으로 2개의 큰방처럼 사용할 수 있어 어린 아이가 있는 우리집에 딱 맞는 배치다.

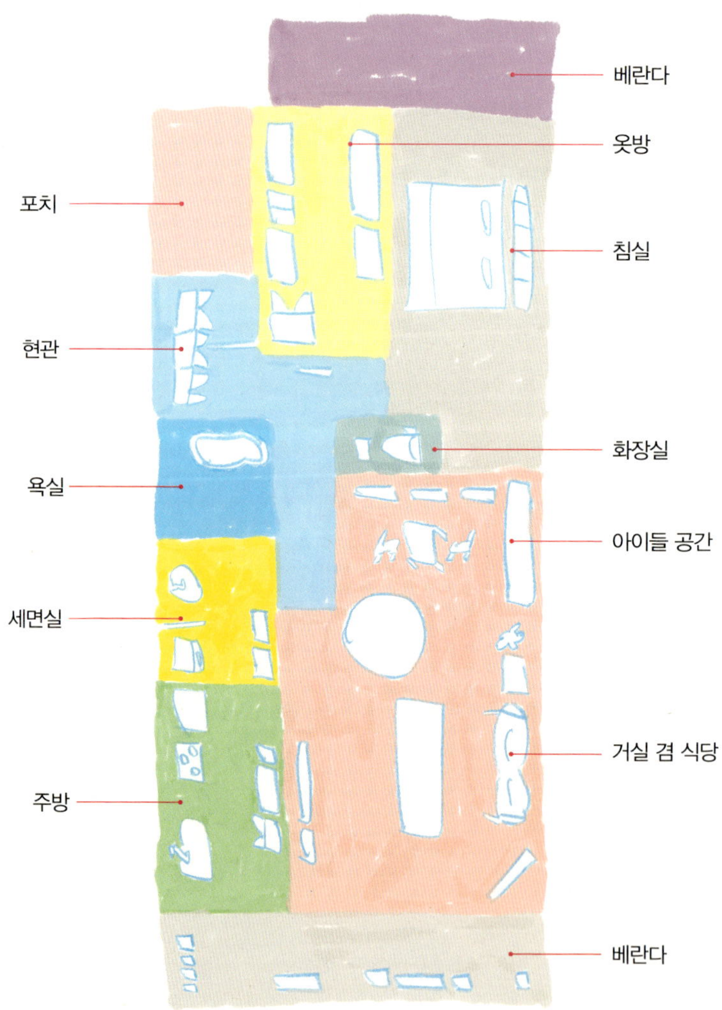

chapter 1
거실에 대하여

가족이 편안한 거실의 조건

가족 모두가 오랜 시간을 보내는 거실 겸 식당은 편안한 공간으로 만들고 싶었다. 그
러려면 나 혼자 하는 인테리어나 수납이 아닌 가족들과 대화를 통해 함께 만들어가
야 했다. 그래서 남편은 물론 아이들도 참여시켰다. 아직 어려서 아무것도 모른다고
단정하지 않고 "어떤 색이 좋아?", "여기랑 저기 중 어느 쪽이 꺼내기 쉬워?"라고 묻
는 방식으로 아이들 의견도 반영한 것이다.

어쩌면 살림에 전혀 관심이 없는 남편이나 어린 자녀들과 수납에 대한 대화를 하는
것 자체가 불가능하다고 느끼는 사람도 많을 것이다. 하지만 그럴 때조차 조금만 방
법을 바꿔보면 아주 쉽게 해결된다. 많은 고민이 필요한 질문이 아니라 간단한 선택
지를 주면 된다. "밥은 바닥에 앉아서 먹을까? 의자에 앉아 먹을까?" 하는 식으로 질
문을 던지면 의외로 좋은 반응이 돌아온다. 자신들이 존중받는다는 느낌도 생기고
함께 공간을 꾸며간다는 공동의식도 생겨 일석이조다. 혼자 모든 것을 결정하려 하
지 말고 사소한 의견이라도 듣고 반영하는 것이 가족 모두가 기분 좋게 지내는 공간
을 만드는 첫 번째 요소다.

물건보다 라이프 스타일이 우선이다

우리집에는 전용 식탁이 없다. 그렇다면 어디서 밥을 먹을까? 높이가 낮은 테이블을 소파 앞에 두고 밥도 먹고, 아이들 그림 그리는 작업대로도 활용한다. 물론 차를 마시거나 휴식을 취할 때도 이 테이블을 이용한다.

흔히 거실 겸 식당이라고 하면 식탁과 의자, 소파, 사이드 테이블을 먼저 떠올린다. 결혼을 하는 신혼부부들도 이것들은 당연히 갖춰야 할 것들로 여긴다. 하지만 생각해보자. 가구를 결정하기 전에 먼저 '이 집에서 우리는 어떤 생활을 할까?'라고 물어야 한다.

우리집은 아이들이 아직 어려 뛰어놀 공간과 놀이공간이 부족하다. 또 주말마다 찾아오는 친구들이 편안히 쉴 공간도 마련하고 싶었다. 그래서 공간을 차지하는 식탁보다 낮은 테이블을 선택한 것이다. 나는 지금까지 그 선택에 굉장히 만족한다. 무엇보다 좁은 공간을 넓게 쓸 수 있고, 쾌적하기까지 하다.

많은 시간을 보낼 거실을 꾸밀 때는 먼저 거실을 둘러보며 스스로에게 이렇게 물어보자. "이것이 우리집에 정말 필요할까?" 하루이틀 살 집이 아니고, 매일 이용할 공간이기 때문에 이런 질문은 매우 중요하다.

Living and
Dining room

가족 모두가 편안한
휴식공간으로

거실은 가족 모두가 편안하게 쉬는 공간이자 활기차게 움직이는 곳이다. 따라서 무엇보다 가족 구성원 모두가 안락한 느낌을 갖는 게 중요하다. 또 종종 놀러오는 친구나 친지들도 편안하고 즐거운 시간을 보낼 수 있는 장소여야 한다.

맞은편

장식장

장식품은 이곳저곳 분산해 놓으면 산만해 보여 이곳에 모아 장식했더니 보기도 좋고 청소도 편하다. 장식장은 지인에게 받은 것.

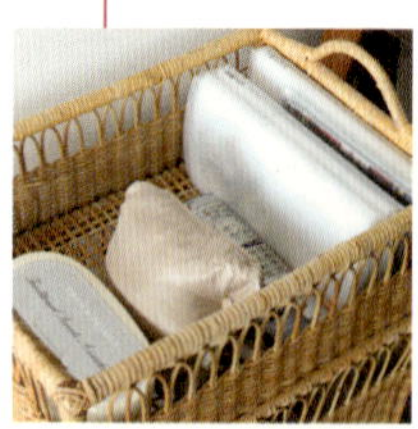

리모컨 & DVD 수납

어머니가 결혼할 당시 사온 바구니를 물려받아 DVD나 리모컨 수납용으로 사용한다.

바닥 러그

각진 러그는 방향이 틀어지면 눈에 거슬리지만 원형이라면 문제없다. 벨라메종 제품(다크그린).

업무용 책상

재활용품점에서 구입한 것. 주로 내가 일하는 곳 이다. 서랍에는 카메라나 문구류를 수납한다.

롤스크린

커튼보다 깔끔한 롤스크 린을 선택했다.

조명

질리지 않는 심플한 디자 인의 조명. IDÉE의 KULU LAMP

관엽식물

화분 관리를 잘 못하는 사람은 작은 화분을 여러 개 놓는 것보다 이렇게 큰 화분 하나를 놓는 것 이 훨씬 낫다.

소파

2인용 소파로 얼룩이 생 겨도 눈에 잘 띄지 않고 커버는 세탁이 가능하다. 벨라메종 제품(현재는 판 매되지 않는다).

일시보관 바구니

식사할 때 테이블 위의 물건은 여기에 잠깐 보 관한다. THE BROWN STONE FIFTH에서 구 입했다.

1

가족 모두가 사용하기 때문에 먼저
의견을 나눈 뒤 구매를 결정한다.

아무리 작은 잡화라도 물건을 구입하기 전에 반드시 부부끼리 정보를 공유하고 정말 필요한지, 집에 맞는지, 무슨 색으로 할지 등에 대해 대화를 나눈다. 휴대 전화로 사진을 찍어 공유하면 간단하고, 두 사람의 의견을 모으기 때문에 판단이 정확해진다.

2

애매할 때는
중성적인 것을 선택한다.

우리집은 남자가 둘, 여자가 둘인 4인 가족이다. 어느 한쪽 취향으로 치우칠 수 없는 구성이다. 게다가 우리 부부는 둘 다 친구가 많다. 따라서 물건을 살 때는 가능한 중성적인 느낌이 나는 것을 선택한다. 소재와 색깔도 마찬가지다. 우드, 실버, 블랙, 화이트, 그린, 직선적인 라인 등이 중성적 느낌을 주는 제품의 특징이다.

[거실을 깔끔하게 유지하는 비결]

장식과 보관은 한 곳에 집중해서

잡화를 분산해 장식하면 좁은 집은 더욱 지저분해 보인다. 물건도 이곳저곳에 수납하면 정리정돈 자체가 하나의 일이 되어 버린다. 한 곳에 집중해서 놓아두면 정리정돈이 쉽다.

쉬는 공간과 아이들을 위한 공간은 구분한다

눈길이 닿는 곳에 아이를 위한 공간을 만들고 싶었지만 장난감이 산만하게 놓여 있으면 아무래도 차분한 분위기를 연출할 수 없다. 안락하게 쉬는 공간과 아이를 위한 공간을 명확히 구분함으로써 집 전체가 산만해지는 것을 막았다.

세탁물이 통과하지 않는 동선을 만든다

나는 소파 위에 세탁물을 얹거나 실내에서 빨래를 말리지 않는다. 우리집에서는 세탁물이 거실을 통과하지 않도록 사전에 동선을 고려하여 세탁 시스템을 마련했다(64쪽 참조).

벽 색깔이 집 분위기를 좌우한다

구입한 맨션은 비교적 깔끔한 곳이라 이사하기 전에 크게 손보지는 않았다. 하지만 베이지색 벽이 우중충하여 집에 들어설 때마다 마음에 걸렸다. 생각 끝에 직접 흰색 페인트를 사다 칠했다. 직장도 다녀야 하고 한꺼번에 할 수 없어 시간이 날 때마다 한 곳씩 정해 작업했다. 베이지색과 흰색, 어찌보면 큰 차이가 없을 수도 있지만 해놓고 보니 집은 물론 우리 부부에게는 큰 변화를 가져다 주었다. 내 집을 직접 우리 손으로 만들었다는 성취감도 생겼고, 둘 사이의 애정도 부쩍 깊어졌다.

벽지 위에 바르는 페인트
요즘은 유해물질이 없는 천연소재 페인트가 많다. 4L짜리 무성 페인트

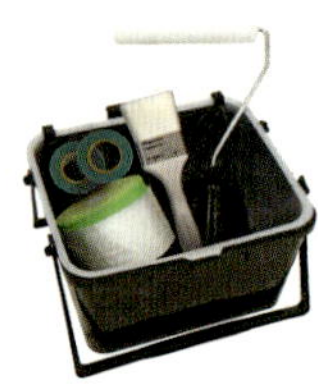

페인트 세트
웬만한 용품은 세트로 살 수 있어 편하다.

고민 끝에 타일카펫을 선택

나는 원래 천연질감을 선호해 집 바닥도 나무바닥을 깔았었다. 하지만 1년 정도 생활해 보니 우리 생활과는 맞지 않았다. 짙은 갈색이라 분위기도 어두운 데다 먼지가 눈에 잘 띄고, 바닥이 딱딱해 누우면 허리와 등이 아팠다. 남편과 상의한 끝에 우리 손으로 직접 설치할 수 있는 타일카펫을 깔았다. 아이들이 더럽히면 그곳만 교체하면 되는 점이나 층간소음을 막는 것도 매력적이다. 방 분위기도 훨씬 밝아져 결과적으로 잘한 선택이었다.

Before

짙은 갈색 바닥은 먼지가 눈에 잘 띈다.

타일카펫

50×50cm의 베이지색 타일카펫 가지런히 배열하기만 하면 끝.

기분 좋은 좌식 생활

아이가 세 살 때까지는 우리도 의자에 앉는 식탁을 사용했다. 아이를 의자에 똑바로 앉힐 수 있어 차분하게 식사하고 좋은 습관도 들일 수 있었기 때문이다. 그러다 우연히 좌탁을 경험할 기회가 있었는데 은근히 기분이 좋고 마음도 편했다. 그래서 아이가 조금 성장한 후 생활방식을 바꿨다. 기존에 쓰던 식탁에서 다리 부분만 떼어내고 낮은 테이블로 변신시킨 것이다. 의자가 없어진 만큼 거실 공간도 한결 넓게 쓸 수 있고 무엇보다 친구들이 여럿 모여도 의자 수를 걱정하지 않게 되었다.

Before 1

의자에 앉았던 이전 식탁.

Before 2

와인상자를 받쳐 임시로 이용하던 좌식 테이블. 이 생활을 체험한 후 완전히 좌식생활로 바꿨다.

친구들이 더 좋아하는 집

낮은 테이블로 바꾸자 집에 놀러온 친구들의 반응이 상상 이
상으로 좋았다. 의자에 앉으면 아무래도 분위기가 딱딱해지
기 십상인데, 바닥에 앉으면서 왠지 마음도 느긋하고 편안해
졌다는 것이다. 우리 부부는 유독 친구를 좋아하고 그들이 아
무때나 방문하길 바랐기 때문에 이 반응이 무척 반가웠다. 낮
은 테이블로 바꾼 이후 간단한 배달 음식만으로도 손님맞이
가 한결 풍성해진 느낌이다. 가구 하나가 가져다 준 또 다른
기쁨이다.

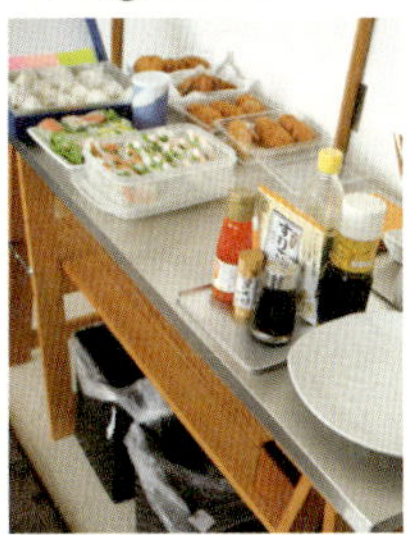

Party Idea 1

뷔페 스타일로 간편히. 아래에 쓰레
기통도 설치했다.

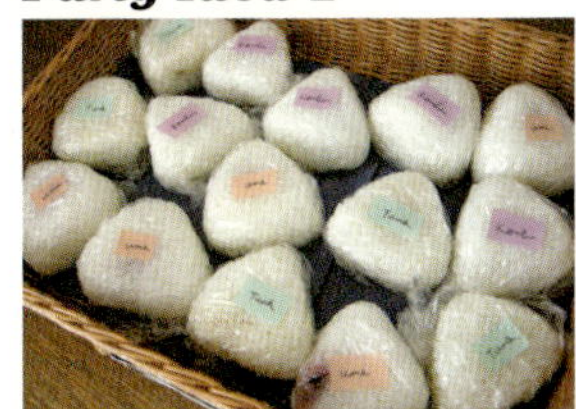

Party Idea 2

주먹밥의 재료별로 마스킹 테이프를
붙이고 골라 먹는 재미를 만끽한다.

블랙보드로 의사소통을 한번에

귀가가 늦는 남편에게 해둘 말이나 그날 아이들이 보여준 사
소한 모습을 전하는데 활용하는 것이 블랙보드다. 어린 자녀
가 있는 맞벌이 부부들은 사실 대화를 나눌 시간이 많지 않다.
그래서 아이들이 자라는 과정을 놓치거나 대화가 끊기기 쉽
다. 이럴 때 블랙보드를 사용하면 포스트잇이나 메모지보다
의사소통에 효과적이다. 또 자석이 붙는 보드라 청구서나 아
이가 유치원에서 만들어온 작품을 전시하는 공간으로 사용하
기에도 안성맞춤이다. 검은색을 선택한 이유는 전체적인 인테
리어와 어울리도록 하기 위해서다. 사무실 같은 분위기가 아
니라 좋다.

심플한 블랙보드
검은색은 공간을 작게 축소하는 효
과가 있다.

보드 고리
핀으로 벽에 고정한다.

베란다도 거실의 일부다

우리집 거실로 들어서면 정면으로 눈에 들어오는 곳이 베란다다. 집의 첫 인상을 결정하는 장소인 만큼 거실의 연장이라 생각하고 식물이나 잡화를 신경써서 꾸몄다. 원래는 크게 신경쓰지 않던 곳이었는데 아이가 자꾸 만지려들던 유리 장식장을 밖으로 내놓게 되면서 본격적으로 베란다를 가꾸기 시작했다. 원래는 회색의 비닐장판이 깔려 있어서 칙칙하고 어두웠는데, 그것을 처분하고 오일 스테인을 칠한 우드타일을 설치했다. 덕분에 거실과 이어지는 듯 보여서 방이 한층 넓게 느껴진다.

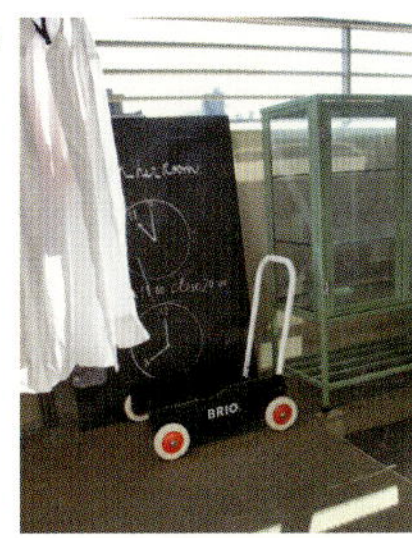

Before

이것저것 짐을 내놓는 곳으로 사용했던 베란다. 회색 바닥이 두드러져 싸늘해 보였다.

우드타일

나무 질감이 베란다에 온기를 더했다.

Information
Space

거실로 이어지는 방의 한쪽 벽면에 잡지, 책, 앨범, 공구를 수납한다. 이름하여, 정보 스테이션!

빈 상자

물건이 많아져도 문제없이 수납할 수 있도록 여유분을 준비한다. 마음을 안심시키는 효과가 있다.

관혼상제 용품

필요한 것은 모두 여기에 수납하기 때문에 언제든 쉽게 찾을 수 있다.

각종 코드들

박스 안은 정돈되지 않아도 좋다. 각종 코드를 모아 집어넣기만 하면 수납 완료.

잡지

잡지는 장르별로, 종이 파일박스에 세워서 수납하면 꺼내보기 쉽다.

앨범

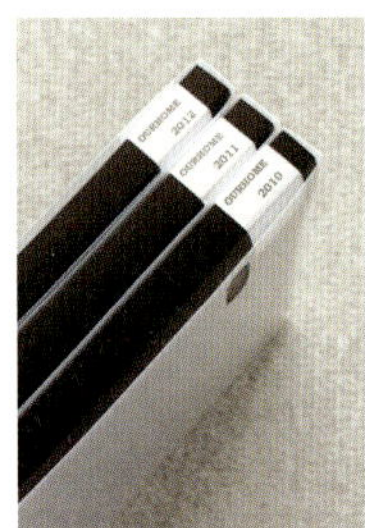

자주 꺼내볼수록 의미 있는 가족 앨범. 잘 보이는 곳에 꽂아둔다.

연하장

A4 사이즈 엽서용 파일에 연하장을 함께 수납한다.

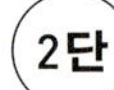

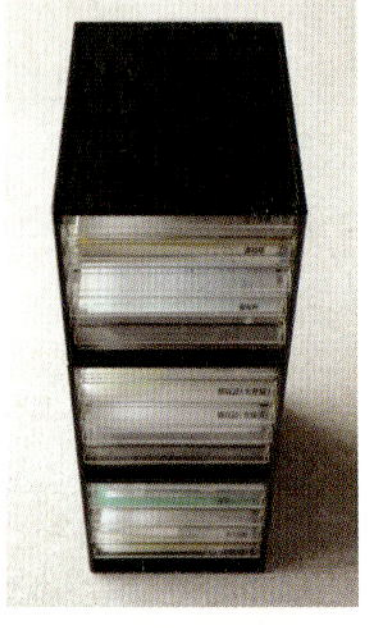

서류 수납

스틸선반 오른쪽에 꼭 맞게 들어가는 이 수납장은 중학생 때부터 사용하는 서류 케이스로 5단 서랍 3개 얹어서 사용하고 있다. 영수증, 급여명세서 등 보관할 필요가 있는 서류를 종류별로 1단씩 수납한다.

업무박스

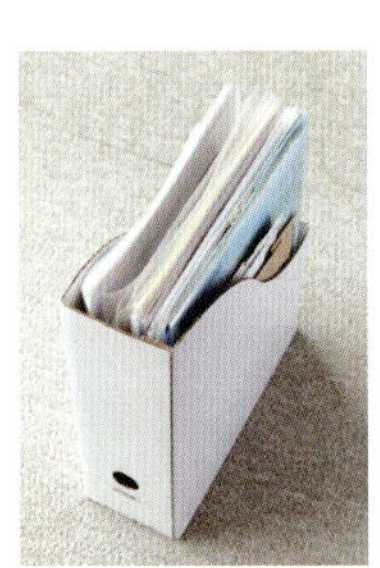

안건마다 1박스를 준비한다. 그 박스만 꺼내면 즉시 업무를 시작할 수 있다.

문구류

옆에 놓인 A4 파일박스와 높이를 맞춘 미니 서랍. 정돈되어 보인다.

재봉도구

재봉도구는 전용 수납통에 보관하는 경향이 있는데, 통일된 크기의 상자 안에 수납하면 깔끔해 보인다.

공구

이 한 상자만 있으면 DIY 모든 작업이 가능하도록 한 곳에 넣어둔다. 상자째 꺼내서 사용한다.

1

기본색으로 흰색과 검은색을 선택한다

정보 스테이션은 잡지, 서류 같은 종이부터 문구류, 공구, 재봉도구, 프린터나 헝겊인형까지 형태와 용도가 다른 잡다한 물건을 모아둔 장소다. 이 많은 것을 깔끔하게 보이기 위해서는 흰색이나 검은색 상자에 넣어 통일감을 주는 것만큼 좋은 방법이 없다. 흰색이나 검은색 상자는 다른 용도로도 얼마든지 바꿔 사용할 수 있다는 점도 중요한 선택 이유 중 하나.

2

A4 사이즈로 통일한다

선반에 물건을 놓을 때는 높이를 맞추는 것이 매우 중요하다. 정연해 보일 뿐 아니라 수납공간의 낭비도 막을 수 있다. A4라는 규격 사이즈는 가장 많이 통용되고 있어서 다른 용도로도 얼마든지 활용할 수 있다. 박스뿐 아니라 카드 케이스나 앨범도 A4 사이즈로.

3

낱개로 사용할 수 있는 것이 좋다

박스나 파일 케이스, 플라스틱으로 만든 서랍 케이스는 모두 따로따로 1개씩 분리되는 것을 선택하고 있다. 작업할 때, 하나만 꺼내서 사용할 수 있고 경우에 따라 옷방에서도 사용할 수 있다. 물건을 고를 때 한정된 장소에 국한시키지 않고 항상 앞으로의 사용 용도까지 고려해 선택한다.

심플한 박스

신사용 구두상자를 이용해 아이들의 그림을 수납한다(105쪽 참조). 추억이 있는 물건을 보관할 땐 뚜껑이 있는 것이 좋다.

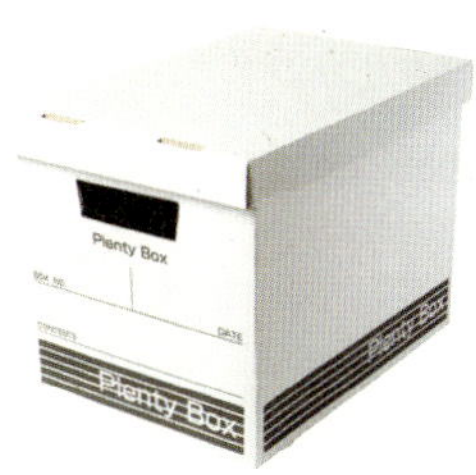

뚜껑 있는 파일박스

어디서나 쉽게 구할 수 있는 A4 종이박스. 같은 크기로 통일감을 준다. 여유분을 비치해두면 여러모로 쓸모가 많다.

두꺼운 파일박스

접으면 부피가 줄어드는 파일박스. 사용하지 않을 때는 접어두고, 잘라서 크기도 줄일 수 있어 보관이 쉽다.

A4 엽서파일

한 페이지에 4장의 엽서를 수납할 수 있고 한눈에 볼 수 있다. A4 크기에 160장입. 무인양품.

A4 클리어파일

영수증도 파일에 넣어두면 관리가 쉽다. A4 크기의 투명 클리어파일. 5장입.

겹칠 수 있는 케이스

위아래로 연결된 것보다 한 단씩 분리된 것이 여러 용도로 사용할 수 있다. 무인양품 서랍 케이스.

5단 서랍 트레이

A4 서류가 딱 들어가는 서랍은 사용이 편해 중학생 때부터 꾸준히 애용하고 있다. 문방구 등에서 쉽게 구할 수 있다.

프린터

직선의 디자인이 마음에 들어 구입한 흑백 프린터. 필요할 때마다 수시로 인쇄할 수 있다. 캐논 제품.

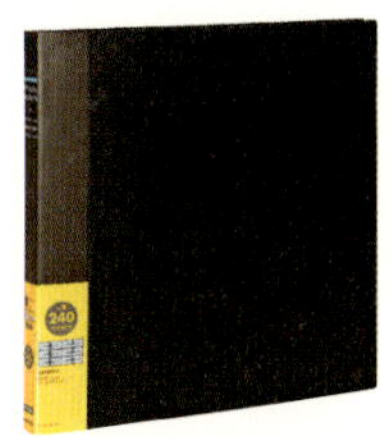

사진정리 앨범

앨범이 너무 크면 여러모로 불편하다. 서류파일처럼 앨범도 A4 크기로 통일했다. 써보니 블랙 컬러가 무난하다.

직접 만든 거실 수납 가구

우리집의 거실에는 원래 수납장이 없었다. 그래서 수납공간을 직접 만들었다. 주방에서 쓰던 스틸선반을 벽 한쪽 면으로 옮긴 후 박스와 파일 케이스를 올려 완성했다. 수납장 앞쪽에는 커튼봉을 설치하고 사이즈에 맞춰 주문한 커튼을 달아 시선을 차단했다. 공간 크기에 맞춰 직접 만들었기 때문에 집 분위기와도 잘 어울리고 사용하기에도 안성맞춤이다. 이런 수납장은 싸고 합리적이라 좁은 임대주택에 사는 사람들에게 매우 효과적인 아이템이다.

이사 전 주방에서 사용했던 스틸선반을 재활용했다.

줄무늬 커튼

선이 굵은 줄무늬 커튼으로 덮어 깔끔하게 처리했다. IKEA 제품.

1품목 1박스의 마법

오픈된 수납장은 수납력은 좋지만 물건을 직접 얹는 데는 적합하지 않다. 그래서 나는 반드시 박스에 넣어 선반 위에 올려놓는데 꺼내기도, 넣기도 간편하다. 포인트는 상자마다 품목을 구분하는 것인데, 설령 안이 비는 한이 있더라도 1품목마다 1박스를 준비하는 게 포인트다. 그렇게 하면 다른 품목이 섞여 들어가지 않아 넣고 찾기에 그만이다.

여기에 라벨을 붙이면 어디에 무엇이 있는지 일목요연하게 알 수 있다. 다른 사람도 물건을 쉽게 찾을 수 있고, 정리하기 쉬운 시스템이다. 박스가 가득 차면 물건의 양을 다시 한번 살펴보고 버릴 건 버려서 너무 많은 양이 되지 않도록 해야 한다.

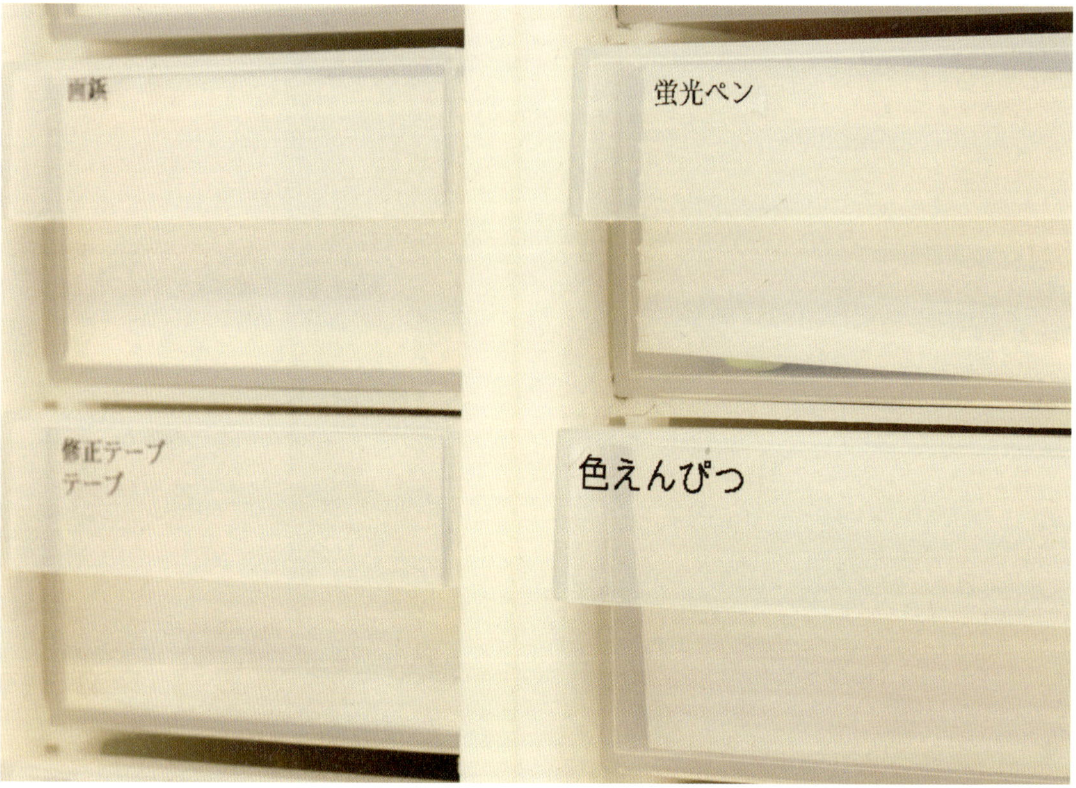

찾기 쉬운 라벨링 요령

물건을 품목별로 나눠서 멋지게 수납을 했다고 해서 결코 편리한 수납이라고 할 수 없다. 마지막으로 라벨을 붙여 한눈에 금방, 어디에 무엇이 있는지 알 수 있도록 하는 것이 중요하다. 이렇게 하면 가족들이 "그거 어디 있어?"라고 묻는 횟수도 차츰 줄어들고, 사용한 뒤에 어디에 수납해야 하는지도 알기 쉽다. 라벨 붙이기는 다소 성가신 일이지만, 생활이 한층 편리해질 수 있다는 것을 분명히 의식하고 다소 번거롭더라도 라벨링에 도전해보자.

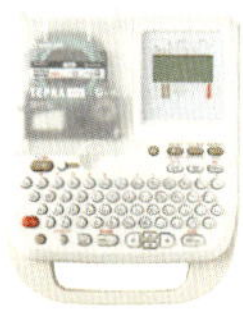

애용하는 라벨프린트
내가 늘 사용하는 제품은 단종됐다. 이것이 현재 팔리는 상품. 라벨프린터 PRO SR150 / 킹짐

투명 테이프
라벨이 너무 도드라져 보이지 않도록 투명 테이프를 애용한다. 투명 라벨 ST18K / 킹짐

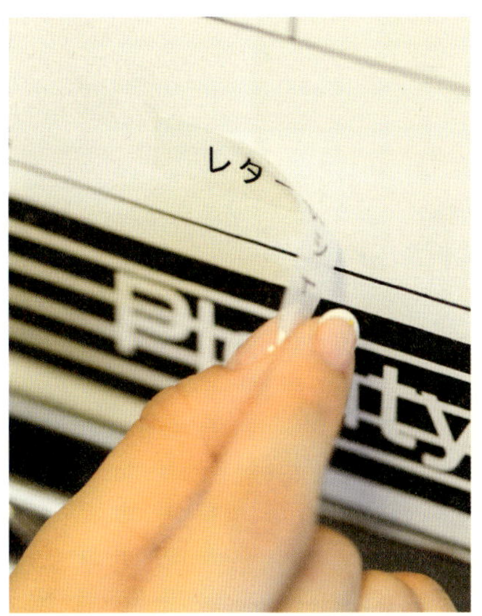

뗏다 붙였다 하면 편리

앞으로 다른 물건을 수납할 상자로 변신할 수도
있기 때문에 라벨은 뗏다 붙였다가 가능하면 좋다.

필요한 때 바로 사용할 수 있도록

라벨을 만드는 작업이 번거로우면 아무래도 미
루기 십상이다. 콘센트와 가까운 위치에 라벨프
린터 전용 서랍을 준비하고 필요할 때에 즉시 라
벨을 만들 수 있도록 준비한다.

아이도 쉽게 알아보는 아이콘 라벨

글을 모르는 아이라도 어떤 물건이 들어 있는지
알 수 있도록 아이콘이 들어간 라벨을 만든다.
어려운 디자인은 불가능하기 때문에 컴퓨터에서
쉽게 찾을 수 있는 기본 도형을 조합했다.

장난감 박스에도 사진 라벨을

글을 읽을 줄 모르는 아이도 장난감을 어디에 정
리해야 하는지 알 수 있도록 사진을 찍어 붙인
다. 사진 교체도 간단히 할 수 있다.

남편과 정보를 공유하는 법

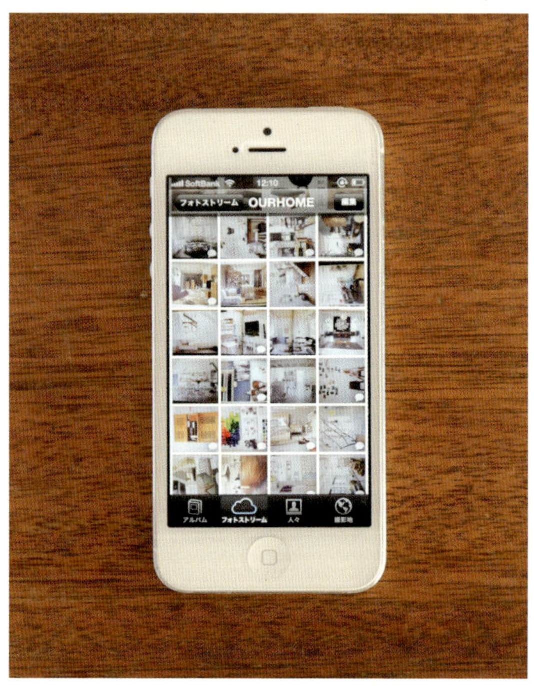

10대 시절부터 오랫동안 만나온 남편과 나는 육아, 장래, 음식 그리고 거실에 놓는 잡화 하나의 결정까지 아주 많은 대화를 나누는 편이다. 하지만 바쁜 맞벌이 부부라 느긋하게 대화를 나눌 시간이 부족할 때가 많다. 그래서 최근에 생각해 낸 것이 바로 이 방법이다. 마음에 드는 정보를 스마트폰으로 찍은 뒤 사진공유 서비스를 활용하는 것이다. "이 노란색 그릇 어때?"라거나 '이건 살까 말까?'를 고민할 때 직접 사진을 보면서 의견을 나누기 때문에 이해하기도 쉽고 결정도 빠르다. 이렇게 사소한 것까지 의견을 나누다 보니 서로를 이해하는 폭도 조금씩 커지고 진짜 닮은 부부가 되어가는 느낌이 들어 행복하다.

chapter 2
집안 일에
대하여

집안 일은 최소로, 스트레스 없이

쌍둥이가 18개월이 되었을 무렵에 회사에 복직했다. 일단 눈코 뜰 새 없이 바빴기 때문에 '건강하게, 청결하게만 살자'는 원칙만 정해 놓고 집안 일의 수준을 대폭 낮췄다. 매일 청소하는 곳이라곤 식사 테이블 아래뿐, 세탁물은 개지 않고 그대로 툭 던져넣고 식기도 매일 사용하는 것만 이용했다. 저녁 식사는 최소한으로 준비하고, 매일 꼬박꼬박 하던 다림질도 잠시 미뤄두었다. 아이가 조금 자라 여유가 생겼을 때 하자고 마음먹은 것이다. 그러는 한편 나 혼자 집안 일을 다 하지 않도록 가족 모두가 사용하기 쉬운 수납 시스템도 함께 만들어 나갔다. 그렇게 했더니 최소한의 노력과 시간만으로도 좋은 변화들이 생기기 시작했다. 이렇게 회사 일과 집안 일을 완벽하게 하자는 생각에서 벗어난 덕분에 나의 스트레스는 엄청나게 줄어 들었다. 그리고 그것은 고스란히 가족 모두에게 영향을 미쳤다.

먼저 좀 수고할까, 나중에 고생할까?

내가 빼먹지 않고 바로바로 하는 일이 있다. 쇼핑에서 돌아오면 아이들이 매일 마시는 10개짜리 요쿠르트의 비닐을 벗겨 제자리에 넣어두는 것이다. 또 택배가 도착하면 그 자리에서 상자를 열어 쓰레기는 현관에 버리고 내용물만 집 안으로 들여 놓는다. 얼핏 손끝 야문 성실한 주부로 보이지만, 솔직히 말하면 나는 이런 작업이 꽤 귀찮다. 그러나 음료의 비닐을 벗기지 않고 냉장고에 넣으면 꺼낼 때마다 더 번거롭다. 택배상자를 정돈하지 않고 쌓아두면 그것을 볼 때마다 '해야 하는데…' 하는 생각에 마음이 무거워진다. 잠깐 수고하면 나중에 훨씬 편하고 개운해진다는 걸 깨달은 후부터 귀찮아도 먼저 해두는 것이다. 이런 경험을 몇 번만 하다보면 정리 정돈을 할 의욕이 저절로 생긴다. 미리 정리를 해두면 시간적으로나 심리적으로 여유가 생긴다. 단순히 머리로 생각만 하는 게 아니라 일단 손을 움직이는 것이 중요하다.

kitchen

다른 사람도 쉽게 사용할 수 있는 주방으로

맞벌이 부부인 나와 남편을 위해 우리집에는 부모님이 자주 오신다. 또 주말이면 친구들도 자주 놀러온다. 물론 남편도 주방을 자주 사용하는 편이다. 이렇게 주방을 사용하는 사람이 나 혼자가 아니기 때문에 누구든 한눈에 보고 사용할 수 있도록 했다.

싱크대 위(왼쪽)

컵은 모두 여기에 넣어 물건을 찾을 때마다 문을 열어보지 않도록 했다. 아래는 머그컵, 위는 찻잔과 주전자를 넣었다.

싱크대 위(가운데)

손이 닿기 쉬운 맨 아랫단에는 자주 사용하는 그릇을, 윗단에는 손잡이가 있어 꺼내기 쉬운 그릇을 넣었다.

싱크대 위(오른쪽)

식기세척기 위에 위치하는 수납장에는 접시를 세워서 꽂는다. 겹치지 않아서 한번의 동작으로 넣고 꺼낼 수 있다.

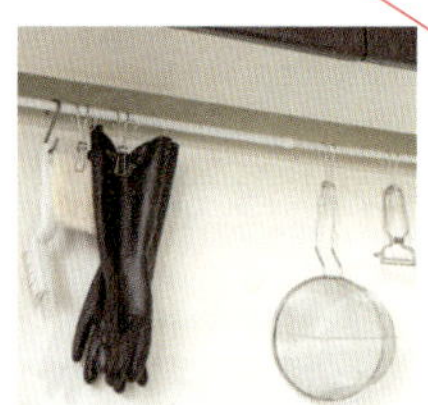

행거에 S자 고리를 걸고

싱크대 위 조명이 있는 부위에 행거를 설치해 주로 물기가 있는 물건을 건다.

어른의 커트러리

서랍 맨 윗단은 무인양품의 정리박스를 사용해 포크나 젓가락 등을 넣었다.

아이의 커트러리

아이가 스스로 자기 숟가락이나 젓가락을 꺼낼 수 있도록 손이 닿는 아래 서랍을 이용했다.

청소도구

맨 아랫단에는 청소용품이나 청소세제를 넣는데 깊이가 있어서 충분히 수납할 수 있다.

싱크대 아래의 서랍

볼, 스틱믹서, 부엌칼 같은 도구와 음식물쓰레기봉투, 음식을 나눌 때 사용하는 종이봉투 등을 넣어두고 수시로 꺼내 쓴다.

냄비, 프라이팬

요리할 때 바로 꺼내 쓸 수 있도록 냄비와 프라이팬은 가스레인지 아래에 둔다. 이 안에 들어갈 수량만 갖고 더 구입하지 않는다.

플라스틱으로 만든 서랍

오픈된 수납장 왼쪽 옆에는 플라스틱으로 만든 서랍 8개를 포개놓았다. 위부터 앞치마, 종이접시, 간식, 비닐봉지, 차, 랩, 키친타올, 낡은 헝겊 순으로 수납했다. 주방에서도 1품목 1서랍 방식을 이용하면 편하다.

빵과 간식

아이가 집안 일을 도울 수 있도록 낮은 위치의 바구니에 빵과 간식을 보관한다. 같은 흰색 바구니를 나란히 놓아 보기에도 깔끔하다.

쓰레기통은 베란다에

쓰레기통은 주방 안에 두지 않고 베란다에 내놓는다. 하루에 한 번 조리대에서 정리해 이쪽으로 옮긴다.

고리에 건다

스틸 수납장에는 전용 고리를 추가해 주방장갑, 와인따개를 걸었다. 바로 손이 닿기 때문에 편리하다.

조미료 선반

소금, 설탕, 가루 종류는 싱크대 위가 아니라 여기에 놓는다. 식기세척기 전용세제는 상자나 작은 봉지에서 바로 꺼내 사용할 수 있도록 준비한다.

식품 선반

원래 있던 수납장에는 면, 깡통, 커피, 조미료를 저장하고 종이박스에 분류 수납한다.

큰 바구니 박스

맨 아랫단에 바퀴가 달린 바구니를 놓고, 형태가 크고 일정하지 않은 물건을 수납한다.

뿌리채소

냉장고에 넣을 필요가 없는 감자나 양파는 여기에 보관한다. 네모난 바구니이기 때문에 공간 낭비가 없다.

행주

행주는 세워서 정돈해 필요할 때 즉시 꺼내 쓸 수 있게 한다. 공간이 좀 남더라도 1품목 1박스 원칙을 지킨다.

1

흰색 · 은색 · 천연색을 기본으로 한다

흰색 식기는 깨끗한 느낌뿐 아니라 한식이나 양식 모두에 잘 어울려 애용한다. 식기는 세트 구입보다 색깔로 통일하는 편이다. 주방도구나 수납장은 은은하면서 세련된 은색으로 통일했다. 젓가락, 트레이 등은 천연 나무색으로 통일하면 주방이 훨씬 깔끔해 보인다.

2

일석삼조의 아이템

나는 모든 물건을 구매할 때 반드시 여러 용도로 사용이 가능한지를 따진다. 특히 좁은 주방에서는 이런 발상이 중요하다. 큰 접시 하나를 사더라도 평소엔 식기로 쓰다가 그라탕을 담는 접시로도, 손님이 오면 과일이나 샐러드를 담아내는 식이다.

3

포개지는 것을 고른다

조리도구나 식기는 가능한 포개지는 것이 좋다. 후라이팬이나 냄비는 손잡이나 뚜껑을 벗긴 후 겹쳐지는 것으로 신중하게 구입하고, 컵이나 접시도 포개서 수납할 수 있도록 사전에 두께나 크기를 체크한다.

플라스틱 컵

투명컵은 음료가 얼마나 남아 있는지 알 수 있고 깨지지 않아 아이용으로 매우 좋다.

나눔접시

밥과 반찬을 나눌 수 있어 아이들용으로 사용한다.

가볍고 얇은 흰 접시

코렐 접시는 아이가 떨어뜨려도 깨지지 않아 매력적이다.

커트러리

한꺼번에 장만하지 않고 필요할 때마다 산다.

어른용 나무젓가락

디자인과 색깔을 조금 다른 것을 골랐더니 남편 젓가락과 내 것이 구분돼 편하다.

곡선이 아름다운 컵

손님이 오면 낸다. 강화유리로 깨지지 않는 것이 좋다.

공간 절약을 위한 냄비

손잡이를 떼면 겹칠 수 있는 테팔 상품. 짙은 색을 선택한 것은 더러움이 눈에 너무 띄지 않도록 하기 위해서다.

편안한 소재의 아이템

씻을 필요 없이 털거나 빛을 쐬면 OK.

큰 트레이

식사할 때 깔개 대용으로 사용한다. 씻기 편하고 보관도 쉽다.

흰 바구니

가벼워 아이들도 다루기 쉽고 물걸레로 닦을 수 있어 청결하다. 네모난 형태는 공간의 낭비를 없애준다.

무인양품의 박스

무인양품 박스는 사이즈를 통일시킬 수 있다는 점이 매력적이다. 커트러리 수납에 활용한다.

유리 보존용기

내용물이 눈에 보여 편하고 쌓아둘 수도 있다.

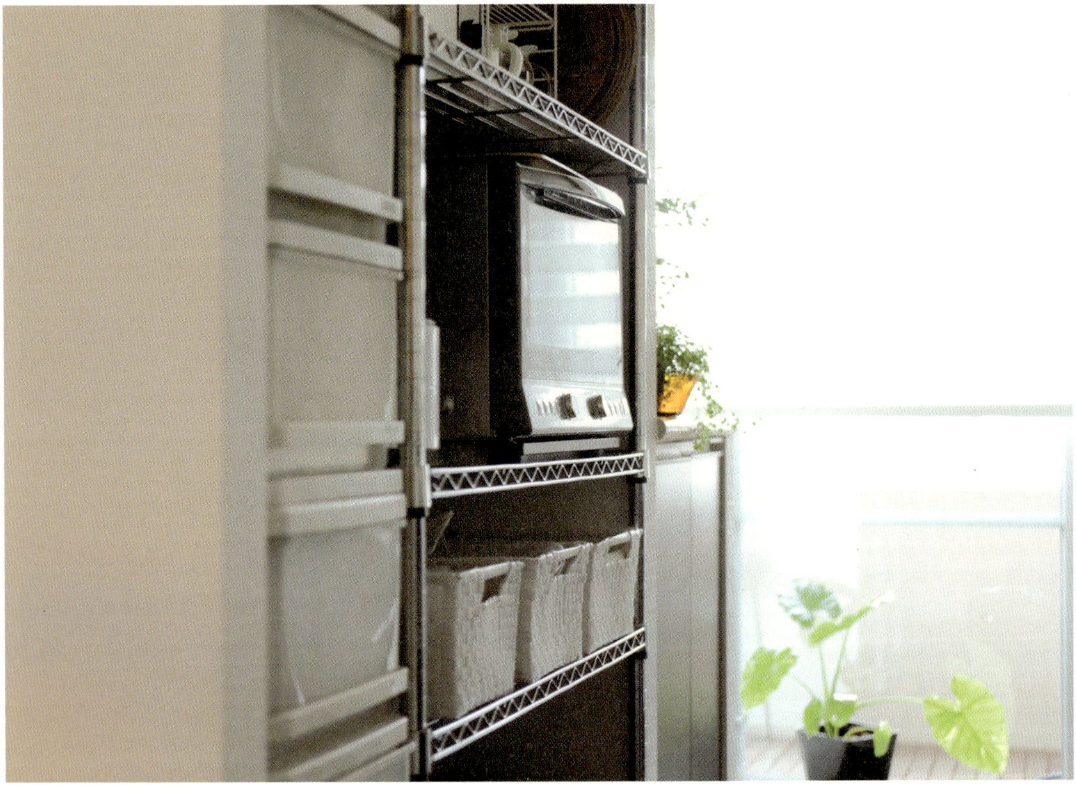

원하는 대로 활용하는 스틸 수납장

스틸 수납장은 수납할 물건에 맞춰 선반의 높낮이를 마음대로 조정할 수도 있고 이동도 간단해 어디서든 자유롭게 수납할 수 있는 만능 수납장이다. 원할 때마다 장소를 옮겨 다른 용도로도 활용할 수 있다. 지금은 주방에 놓고 전자레인지와 전기밥솥을 얹어 활용하고 있다. 싱크대 높이에 맞춰 설치했더니 작업이 훨씬 편해졌다. 또 가전제품처럼 무거운 것도 올릴 수 있어 용도가 매우 다양하다.

세탁실에서 활용했던 장면. 원하는 곳에, 원하는 대로 바꿔 쓸 수 있다.

고리가 있으면 편리
메탈 선반고리를 구해 각종 물건을 걸어두면 편하다.

주방도 1품목 1박스 원칙

주방에서도 서랍이나 바구니마다 한 품목만을 담아 서류처럼(37쪽 참조) 1품목 1박스 수납을 원칙으로 한다. 예를 들어 각종 차, 비닐봉지, 간식, 낡은 천 등 원하는 대로 분류를 한 후 한 칸에 한 품목씩 보관하는 것이다. 여기에 라벨까지 붙이면 헷갈리지 않고 바로 꺼낼 수 있다. 집을 방문한 부모님이나 친구들도 일일이 묻지 않고 바로 찾아서 사용한다.

1품목 1박스 수납의 장점은 서로 다른 품목을 구분하기 위해 박스 안을 다시 구분해줄 필요가 없어 아무렇게나 던져 넣어도 된다는 점이다. 스트레스도 적고 힘도 들지 않기 때문에 오랫동안 편안한 생활이 유지되는, 작지만 큰 요령이다.

요리 도구는 1개씩만

쌍둥이를 키울 때 양가 부모님의 도움을 정말 많이 받았다. 내가 누구나 쉽게 이용할 수 있는 수납법에 관심을 갖게 된 것도 그 즈음부터다. 집안 일을 도와주시는 부모님이 "그건 어딨냐?"며 수시로 던지는 질문이 은근히 스트레스가 됐기 때문이다. 이때부터 서랍에 넣어둔 물건들을 꺼내 통에 꽂기 시작했는데 자주 쓰는 물건일수록 효과가 크다. 더불어 비슷한 요리 도구는 1개씩만 남기고 모두 처분했다. 식재료의 크기나 요리 방법이 달라지면 필요할 것 같아 몇 개씩 갖고 있었는데 결국 쓰지 않고 공간만 차지했다. 지금은 조리용 젓가락도 1개, 주걱도 1개, 거품기도 1개씩만 갖고 있는데 전혀 불편함이 없고, 오히려 공간에 여유가 생겼다.

주전자, 꼭 있어야 할까?

나는 매일 보리차를 끓이는 데 꽤 오랫동안 주전자를 사용해왔다. 그런데 언젠가 살펴보니 주전자의 주둥이 부분에 녹이 슬고 닦기도 이만저만 불편한 게 아니었다. 다른 용기들과 겹쳐지지 않아 보관도 쉽지 않았다. 그때부터 오래된 냄비를 보리차 전용으로 사용하기 시작했다. 보리차는 주전자에 끓여야 한다는 고정관념에서 벗어나 냄비를 써 보니 물도 빨리 끓고 설거지도 한결 쉬워졌다. 무엇보다 벽에 걸 수 있어 공간도 절약되고 주변도 깔끔해졌다. 주전자 말고도 별 생각없이, 사용했던 물건들이 나중에 보니 불필요하거나 바꿔야 할 경우가 많다. 식탁을 버리고 낮은 좌탁을 쓰게 된 것도 그런 범주다. 오랜 습관과 편견에서 벗어나 자신의 생활에 맞는 방법을 찾는 눈을 키워보자.

요리는 짧고 간편하게

직장 일을 마치고 아이들을 유치원에서 데려오면 어느새
저녁시간이다. 서둘러 저녁준비를 해야 한다. 하지만 내
가 요리에 투자하는 시간은 고작 20분 정도다. 배가 고픈
아이들을 위해 시간을 단축할 요리법을 생각하다 보니
이제 간단한 요리 정도는 선 채로 뚝딱 할 수 있게 됐다.
야채는 칼과 도마를 꺼내지 않고 슬라이서를 이용해 직
접 찌개로 투입한다. 튀김의 밑간은 용기를 사용하지 않
고 봉지째 한다. 만두는 한꺼번에 만들어 냉동실에 보관
해두고 필요할 때마다 꺼내 먹는데, 육수에 넣기만 하면
고기와 야채를 먹을 수 있어 마음이 든든하다.

튀김의 밑간은
비닐봉지를 이
용해 설거지감
을 줄인다.

만두는 한꺼번
에 100개쯤 만
들어 두는데, 최
근엔 아이들도
함께 만든다.

아이 혼자 하는 시스템 만들기

여름이 되면 아이들은 하루에도 몇 번씩 물을 찾는다. 그래서 생각한 것이 '보리차는 셀프' 시스템이다. 주방과 거실 사이에 작은 스툴을 놓고 그 위에 차가운 보리차를 넣은 포트와 깨지지 않는 플라스틱 컵을 놓아둔다. 그러면 아이들이 혼자 물을 마실 수 있다. 나도 편하고 아이들도 제 스스로 할 수 있다는 사실에 기뻐한다. 그 외에도 아침에 먹을 빵을 꺼내는 일이나 자신의 숟가락 등은 스스로 꺼낼 수 있게 만들었다. 아이용 커트러리와 빵 바구니를 아이들 손이 닿는 높이에 넣어둔 덕분이다.

손이 닿는 서랍에 아이들용 커트러리를 넣어 직접 꺼내 쓰게 한다.

아침식사로 먹는 빵도 스스로 바구니에서 먹을 양만큼 꺼내게 한다.

Wash room

세면실 상세보기
▶ 세면대

세면실이 편해야
집안 일이 편해진다!

세면실은 하루에도 최소 두어 번은 드나들고 작은 물건도 많은 장소다. 그래서 집안 일을 편하게 하려면 세면실 시스템을 제대로 만들어야 한다. 어떤 시스템을 만드느냐에 따라 생활의 편리성이 엄청나게 달라진다!

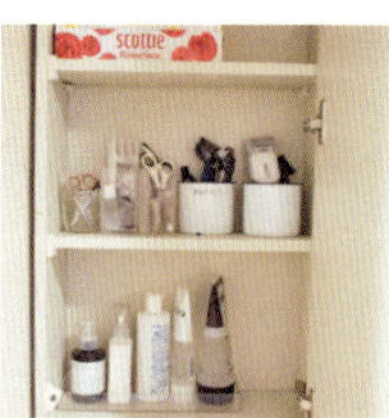

남편 공간

왼쪽 거울 문을 열면 남편용 공간이다. 한 사람당 하나의 문만 열면 되도록 물건별이 아니라 사람별로 수납했다.

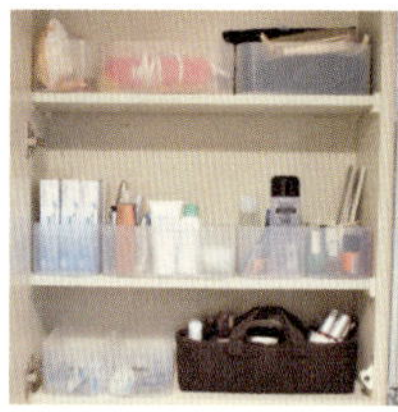

내 공간

가운데 문은 내 개인용으로 화장도구, 렌즈 등 세면대에서 필요한 모든 것을 수납했다. 이문 저문을 열지 않아 아침 준비가 편해졌다.

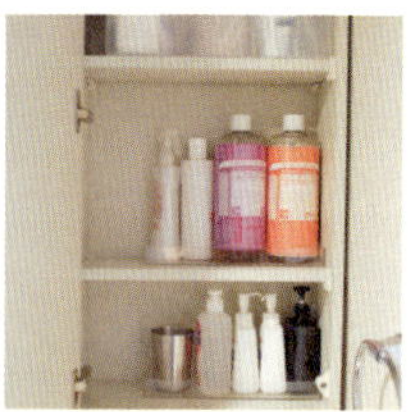

공유 공간

이곳은 3단의 수납공간으로 나눠 샴푸와 칫솔, 비누 등 여유분을 넣었다.

전자제품

이 서랍엔 드라이어나 충전기 등 전자제품을 수납한다.

헤어고무 등

1품목 1박스로 헤어용 고무줄이나 머리핀을 넣어두고 딸과 내가 함께 쓴다.

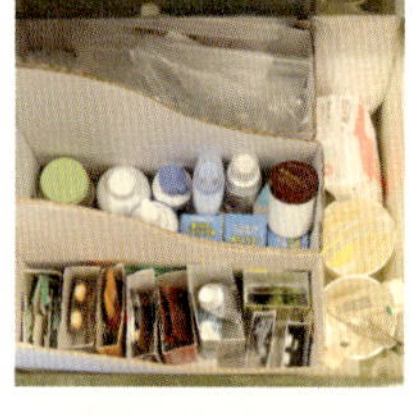

위생용품, 간단한 의약품

물이 있는 곳에 두면 편리한 것들이라 파일박스로 구분해 한눈에 알아볼 수 있도록 수납했다.

쓰레기통

세면실의 필수품인 쓰레기통은 문 안쪽에 두어 걸리적거리지 않고 청소할 때도 편하다.

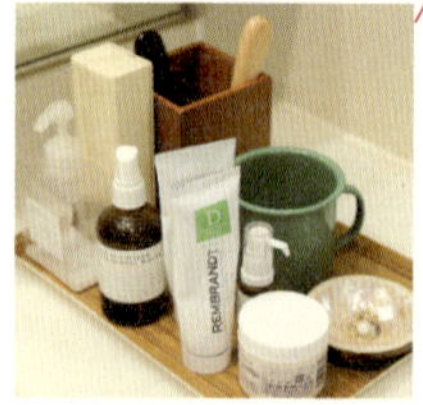

미용용품

빗이나 핸드크림처럼 자주 사용하는 것만 엄선해 세면대 위에 두고 편하게 사용한다.

칫솔

습기가 있는 칫솔은 문 안에 넣으면 세균이 생길 것 같아 거울 벽면에 붙여 사용한다.

얼굴수건

우리집은 10장 정도의 작은 타월로 모든 걸 해결한다. 얇아서 금방 마른다.

핸드타월

손님도 사용하기 때문에 질감이 좋은 것을 선택했다.

1품목 1박스의 서랍 10개

세탁망, 양말, 파자마, 베개 시트 등을 각각의 서랍에 넣어둔다. 나와 남편의 속옷도 각각 한 칸에 넣는데 개지 않고 던져둬도 문제가 없다.

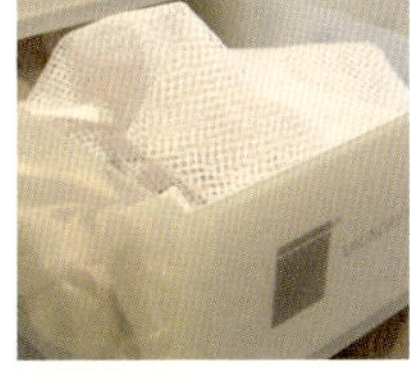

기저귀

바구니보다 서랍에 수납하는 편이 산뜻하고 넣고 꺼내기도 편하다.

세탁망

세탁망 8장을 이곳에 모아두고 세탁할 옷이 생기면 바로 망에 넣어 세탁바구니로 옮긴다.

남편 파자마

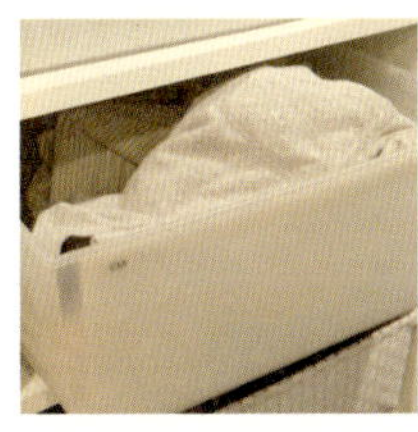

내 파자마

한 번 입은 파자마를 수납하는 곳으로 개지 않고 넣기 때문에 번거롭지 않다.

미니타월

아이들이 입, 손을 닦는 미니타월은 여기에 넣어두고 식사할 때마다 한 장씩 사용한다. 아이들이 스스로 꺼낼 수 있도록 낮은 곳에 수납했다.

세탁바구니

수납장에 세탁바구니도 넣어 바닥 공간을 넓게 사용한다. 아이들도 손이 닿는 위치라 스스로 빨랫감을 넣는다.

아이 혼자 할 수 있는 몸단장을 위한 서랍장

상세한 내용은 66쪽 참조.

불편한 문은 떼어버려라

세탁기 맞은편에 있는 이 수납장에는 원래 문이 달려 있었다. 그런데 문을 열고 닫는 게 번거로워 떼어버렸다. 그런 후부터 무엇이 어디에 있는지 한눈에 볼 수 있고 아이들도 간단히 사용할 수 있어 편리하다. 수납 케이스는 무인양품에서 구입했는데 보기에도 깔끔하고 내 특기인 개지 않고 넣는 수납에도 안성맞춤이다.

Before 1

본래 달려 있던 문, 과감하게 떼어 버렸다.

Before 2

아이가 지금보다 더 어렸을 때는 위에 압축봉을 걸어 옷을 걸었다.

메이크업 도구는 이동식으로

지금은 집에서 일을 하는 날이 많지만 직장에 다닐 때는 매일 아침 화장을 해야 했다. 내 메이크업 도구는 보이는 것이 전부다. 최소한의 품목으로 구성해 매우 심플하다. 처음엔 화장을 하기가 영 귀찮았는데, 화장품이 확 줄자 메이크업 시간도 줄고, 출근 전에 마음을 정돈하는 시간으로 이용하고 있다. 손잡이가 달린 천가방에 화장품 전부를 넣어 세면실 수납장에 넣어두는데 방이나 거실에서 화장할 때도 간편히 운반할 수 있어 좋다. 브러시나 펜 종류는 종이컵에 세워 넣고, 먼지가 쌓이면 바로 바꾼다.

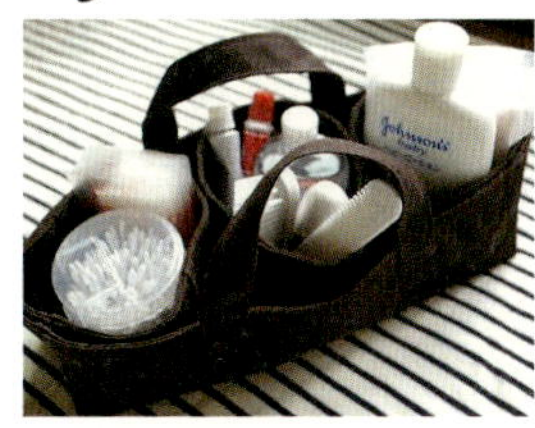

Before

이전에는 면봉이나 베이비오일 같은 아기용품을 담았다.

들고 운반할 수 있는 수납백

평일 세탁의 포인트, '세탁 → 건조 → 수납'을 한 번에 끝낸다!

세탁부터 건조까지 우리집 세탁 시스템

어린 아이가 있는 집은 빨래와의 전쟁이라고 해도 과언이 아니다. 하루에도 몇 벌의 빨랫감이 모이고 2~3일만 그냥 둬도 산처럼 쌓인다. 그래서 빨래는 매일 해야 한다. 나는 조금이라도 일손을 줄이기 위해 드럼식 건조세탁기를 이용한다. 그리고 '세탁 → 건조 → 수납'을 한 곳에서 처리하는 세탁 시스템을 만들었다.

1 세탁물을 각자 세탁기에 넣는다

타월, 평상복, 유치원 유니폼 등 매일 세탁하는 옷은 모아뒀다가 밤에 세탁한다. 건조기를 사용하면 옷 사이즈가 조금 줄기 때문에 아이들 옷은 한 치수 큰 것을 산다.

▼

2 예약 버튼을 누르고 취침

세탁에서 건조까지 논스톱으로 진행되고, 아침 6시에 끝나도록 예약해둔다. 바닥엔 방음매트를 깔아 층간 소음을 줄였다.

▼

3 아침 6시 세탁 끝

아침에 일어나 열어보면 옷은 이미 다 마른 상태가 되어 있다. 건조기로 편하게 건조할 수 있는 옷들만 선택하기 때문에 문제없다.

4 돌아서면 수납장소

그 자리에서 타월은 맞은편 수납장에, 어른들 속옷도 개지 않고 서랍에 넣는다. 하나씩 개지 않아도 돼 1~2분 정도면 끝낼 수 있다!

▼

5 아이의 옷은 각자의 바구니로

그린과 핑크 바구니를 준비한 다음 아들과 딸아이의 옷을 구분해 담는다. 아이들 스스로 꺼내 입을 수 있게 하기 위해서다.

▼

6 아이 스스로 갠다

아이들도 집안 일을 도와야 한다고 교육시켰기 때문에 자신의 옷은 스스로 개고 있다. 조금 어설퍼도 나무라거나 고쳐주지 않는다.

◁ 휴일의 세탁 ▷

휴일엔 평일에 하지 못한 옷들을 구분해 세탁한다. 건조기에 넣을 수 없는 예민한 옷,
밖에서 말려야 하는 각종 세탁물을 모아 빠는데 웬만한 건 평일에 다 해뒀기 때문에 시간은 얼마 걸리지 않는다.

1 세탁망에 넣어 바구니에 쏙

주름진 옷, 예쁘게 오래 입고 싶은 옷,
세탁이 까다로운 옷 등은 건조기로 말
릴 수 없다. 이런 옷은 벗는 즉시 세탁
망에 넣어 세탁바구니에 모아둔다. 미
리 넣어두면 나중이 편하다.

▼

2 휴일 한꺼번에 세탁

휴일에 세탁하는 빨랫감은 밖에서 말
리고 싶은 옷들이 많다. 여름철에는
평일에도 1~2회 밖에서 말리는 옷을
세탁한다.

▼

3 세탁 후 그 자리에서
옷걸이에 건다

세탁이 끝나면 그 자리에서 바로 옷걸
이에 건다. 세탁기 위에 바를 설치해
두었다.

4 밖에서 말리기

세탁실에서 베란다까지 일직선이라
바로 통한다. 나는 거실에서는 절대
빨래를 말리지 않는다.

▼

5 말랐다면 옷방으로

옷걸이에 걸려 있는 세탁물이 다 마르
면 그대로 옷방으로 가져간다. 건조용
과 수납용 옷걸이를 겸용으로 쓰고 있
어 옮기기만 하면 끝.

▼

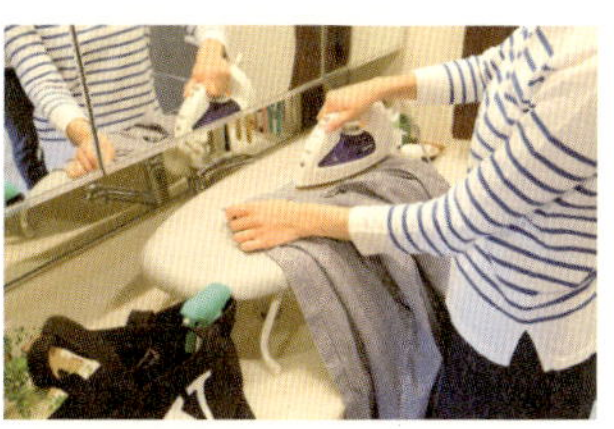

6 다림질하기

다림질이 필요한 옷은 입기 직전에 다
림질한다. 미리 다려 놓으면 구겨지기
쉽다.

아이 독립성 키워 주는 개인보관함

유치원의 수납장에서 아이디 어를 얻어 우리 아이들의 평 상복은 세면실에서 관리한다. 아들이 왼쪽, 딸이 오른쪽으 로 각각 자기 옷을 스스로 관 리하도록 했다.

다음날 유치원에 가져갈 아이템

씻어 놓은 컵을 내가 여 기에 넣어두면 아이가 스 스로 가방 속에 넣어간다.

유치원 가방

저녁식사 후 가방 속 세 탁물과 컵을 꺼낸 가방은 여기에 둔다. 거는 것도 좋지만 보기에 어수선하 지 않도록 선반에 넣었다.

유치원 갈 때 입는 옷

아이가 세 살이 될 무렵부터 자기가 입 고 싶은 옷을 입겠다고 고집을 부렸다. 그래서 평상복은 아이 스스로 선택하게 한다. 아침에 이 바구니에서 입고 싶은 옷을 직접 골라 입는다.

속옷과 양말

속옷도 아들과 딸을 구별 하여 각각 서랍 하나씩을 배정했다. 서랍장 앞에 속옷 아이콘을 붙여 쉽게 알아볼 수 있다.

벗은 파자마

입고 있는 파자마는 여기 에 두고 밤마다 꺼내 입 는다. 아이가 혼자서 쉽 게 할 수 있다.

자기 일은 스스로, 귀가 후의 스케줄

사실 내가 모든 걸 후다 닥 해치우는 편이 시간 상으로 보면 훨씬 빠르 다. 하지만 자기 일은 스스로 하는 습관을 길 러주고 싶어서 아이들 에게 편안한 시스템을 만드는 데 특히 신경을 썼다. 지금은 습관이 되 어 나와 아이들 모두 편 하고 즐겁다.

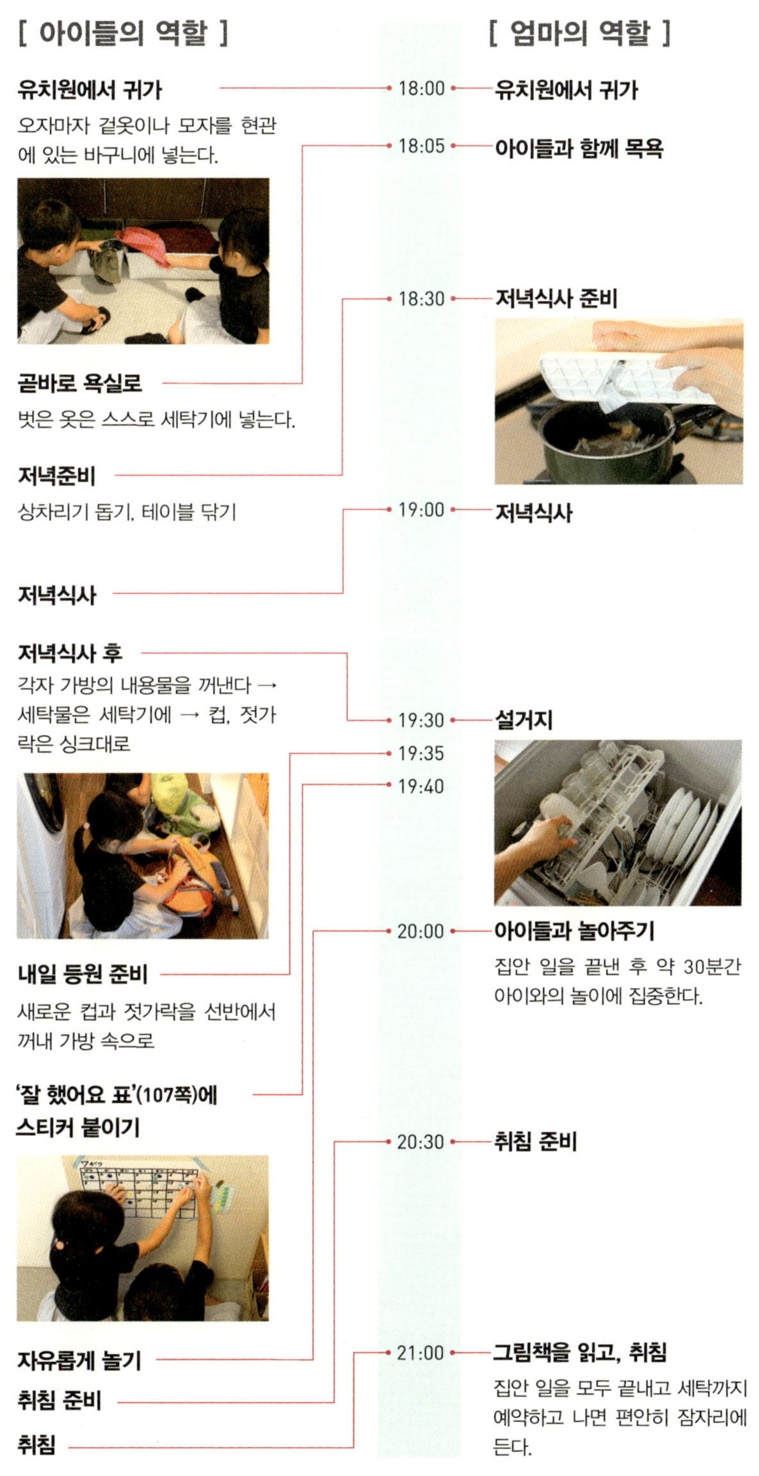

Toilet

화장실 상세보기

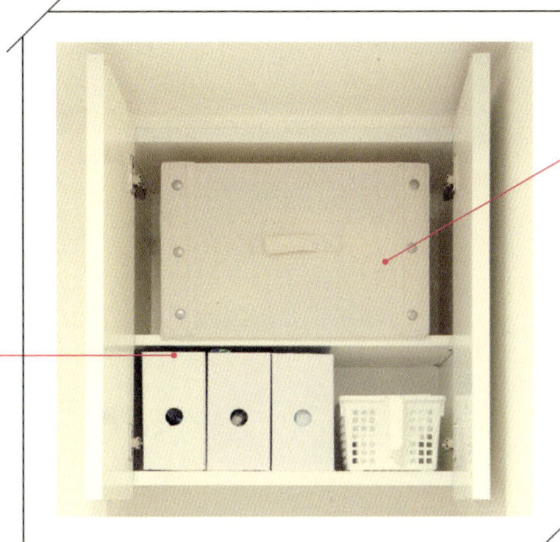

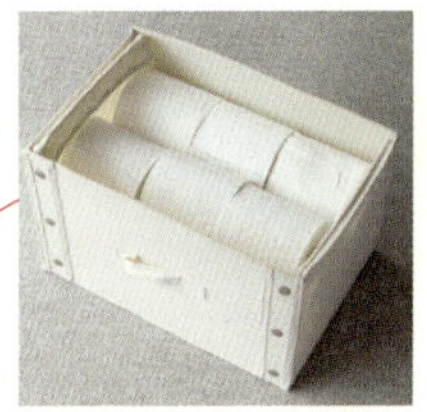

화장실 휴지

화장실 위쪽 선반에 넉넉한 크기의 박스를 두고 12개 정도의 휴지 여분을 넣어둔다.

청소용품

파일정리함을 사용하여 화장실에 필요한 것들을 수납했다. 왼쪽부터 청소용 시트, 화장실 브러시 리필용, 생리용품 등.

아이용 물티슈

아이들의 엉덩이를 닦는 물티슈를 나무뚜껑의 도자기 케이스에 넣어 수분 증발을 막았다. ideaco 제품.

수건걸이

IKEA에서 구입한 수건. 수건 옆의 스프레이통에는 구연산 물을 담아 필요할 때마다 이용한다. 무인양품 제품.

작은 의자

아이들을 위한 작은 의자는 반제품을 사다가 남편과 아들이 직접 페인트칠을 했다. 이 일을 계기로 손으로 뭔가를 직접 만드는 것이 얼마나 즐거운지 깨닫게 됐다.

화장실 매트는 깔지 않는다

이전에는 따뜻한 분위기가 좋아서 화장실에 매트를 깔아 사용했다. 그러다 아이들 배변훈련을 시키면서 없앴다. 다른 세탁물과 함께 세탁할 수도 없는데 자주 빨아야 했기 때문이다. 더러운 매트를 방치하는 것보다 더러워지면 그 즉시 닦는 방식으로 변경한 것이다. 슬리퍼도 빠는 것보다 쉽게 닦을 수 있는 것으로 바꿔 자주 물로 닦아준다. 바닥도 나무질감의 쿠션 매트라 청소가 쉽다.

우드풍 쿠션바닥
월넛 색상의 데코타일

항균 슬리퍼
자주 물로 닦아 청결을 유지한다.

구연산액으로 수시로 청소를

아이가 있으면 화장실이 쉽게 더러워지는데 그때마다 청소를 하기란 여간 번거롭지 않다. 그래서 원할 때마다 수시로 청소하는 방법을 도입했다. 걸레나 세제를 가지러 가지 않고 그 자리에서 청소할 수 있는 휴지와 구연산 희석한 물을 준비한 것이다. 구연산 희석액은 수건걸이에 걸어두는데 원할 때면 언제든 바로 쓸 수 있어 간편하다. 화장실 브러시는 더러워지면 끝부분만 교체하는 타입을 애용하고 있다.

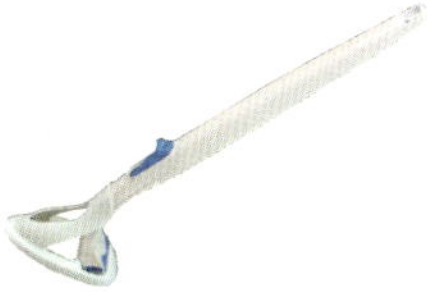

끝만 교체할 수 있는 화장실 브러시
쓱쓱 닦는 타입의 화장실 브러시

일회용 끝부분은 미리 잘라서 상자 안에 넣어두고 필요할 때마다 꺼내 쓴다.

closet room

내 공간

이 스틸선반과 오른쪽 흰 서랍장의 왼쪽 열이 내 전용 수납공간이다. 옷은 시즌별로 옷걸이에 걸어두고 입는다. 맞은편은 남편이 이용하는 공간으로, 그곳은 손대지 않는다.

아이들 공간

옷방 가장 안쪽에 있는 스틸선반과 흰 서랍장의 오른쪽 열이 아이들이 주말에 입는 옷을 수납하는 곳이다. 봉의 위치를 낮춰 아이가 스스로 옷을 골라 입을 수 있게 했다.

스카프는 서랍에

스카프나 머플러처럼 목에 두르는 것은 여름용과 겨울용으로 구분해 서랍에 넣는다. 접지 않고 돌돌 말아 넣으면 구김이 적다. 계절이 바뀌면 서랍째 교체한다.

한 번 입은 옷은 잠시 걸어둔다

한번 입은 옷을 바로 선반에 다시 얹는 것은 웬지 찜찜해서 고리를 사용하여 잠시 옆에 걸어둔다. 가방이나 스톨을 걸어두기도 한다.

옷방은 현관에서 가장 가까운 곳에

우리집도 처음엔 침실에 있는 옷장을 사용했다. 그랬더니 늦게 귀가하는 남편이 잠든 아이나 나를 의식해 불도 켜지 못하고 조심조심 옷을 갈아입는 불편함이 있었다. 고민 끝에 현관에서 가장 가까운 방을 통째로 옷방으로 꾸몄더니 불을 켜거나 부시럭거려도 마음이 불안하지 않아 좋다. 또 집에 오면 현관에서 이 방으로 곧장 들어가 옷을 벗고 욕실로 움직이는 동선이라, 침대 위에 옷을 걸쳐두거나 의자 등받이에 걸어두는 일도 생기지 않는다. 또 시계나 가방도 모두 여기에 두기 때문에 바쁜 출근길에 이리저리 찾지 않아도 된다. 무엇보다 밤늦게 들어온 남편이 가족들 눈치를 보지 않아서 만족한다. 내 옷이나 아이들 옷도 모두 여기에 둬 세탁이 끝난 빨래감을 정돈할 때도 한 번에 모든 걸 해결할 수 있다. 처음 바꿀 때는 은근히 걱정이 됐는데 생각보다 이점이 많다.

옷방은 융통성 있는 형태로

방 하나를 통째로 옷방으로 꾸몄지만 새 가구를 구입하지 않았다. 대신 오래전부터 사용했던 스틸선반이나 플라스틱 케이스를 활용했다. 스틸선반은 선반이나 봉의 위치를 내 맘대로 바꿀 수 있고, 어디에 무엇이 있는지 한눈에 알 수 있으며 문이 없어서 꺼내고 넣기에 편하다는 등 장점이 많다. 또 플라스틱 케이스는 내 수납의 기본이 되는 1품목 1박스를 가장 잘 구현해주는 편리하고 실용적인 아이템이다. 계절이 바뀌면 일일이 옷을 꺼내 바꿔줄 필요 없이 케이스만 위아래 칸으로 바꿔주면 끝이다.

이 방은 나중에 아이들 방으로 다시 꾸밀 생각이라 처치 곤란한 서랍장이나 고정된 물건은 놓지 않고, 모두 쉽게 움직일 수 있는 것으로 채웠다. 이렇게 융통성 있는 물건을 사용하면, 아이들이 성장한 후나 변화한 환경에 맞춰 수납을 조정할 수 있다.

가능한 한 개지 않고 수납

나는 속옷은 개지 않고 건조기에서 꺼내 그대로 서랍 속에 던져 넣는다. 하지만 셔츠는 그럴 수 없다. 그래도 웬만해서는 개지 않고 옷걸이에 바로 걸어 수납한다. 옷을 말리는 옷걸이와 옷방용 옷걸이가 같아, 옷이 다 마른 후 그대로 옷방으로 옮기면 수납이 완료되는 시스템이다. 원래 갖고 있던 행거에 걸 수 있는 수 만큼의 옷만 갖고 있기 때문에 과소비도 하지 않게 된다. 옷걸이는 전부 같은 것으로 사용해 보기에 깔끔하도록 했다.

어른 옷의 옷걸이

두껍지 않아 편하게 사용할 수 있다. 알루미늄 세탁용 옷걸이 3개 세트. 무인양품 제품.

아이 옷의 옷걸이

와이셔츠 옷걸이에 걸기엔 작은 옷에 안성맞춤이다.

일시보관 공간의 위력

방이나 거실 한쪽에서 뒹굴어다니는 물건이 없는가? 몇 날 며칠 방치되는 물건은? 세탁소에 맡길 옷, 빌려온 물건, 돌려줘야 할 빈 그릇, 버릴 옷이나 책 등 수납장소를 만들자니 불편하고 내버려두자니 불편한 물건들이 있다. 그런 물건을 위해 일시적으로 수납할 수 있는 공간을 만들면 무척 편리하다. 시댁에서 가져온 반찬통이나 친구에게 줄 아이 옷, 버리긴 아까워 기증처를 기다리는 신발이나 가방 등을 넣어두는 박스다. 거실이나 방에 물건이 방치되는 것을 막아주는 것은 물론 외출할 때 이 박스 하나만 체크하면 잊을 염려가 없어 안심이 된다. 사실 처음엔 굳이 일시보관함까지 만들 필요가 있을까 고민했는데 만들고 보니 의외로 유용하다.

Bedroom

4인 가족이 자는 침실.
아이가 떨어져도 다치지 않도록
바닥에 매트를 깔았다.

낮은 침대를 만드는 방법

1 와인상자를 구해 5개 박스는 뒷면으로, 5개 박스는 정면을 향하도록 붙여 수납장으로 사용한다.

2 롤 형태로 말 수 있는 타입을 바닥에 깔았다.

3 침대 매트 더블 1개와 싱글 매트 1개를 붙여 완성했다.

장식장

와인박스를 세워서 침대 머리맡에 두고 수납장으로 쓴다. 바닥에 이부자리가 사시사철 깔려 있는 것처럼 보이지 않기 위해 만든 아이템이다. 나중에 다른 용도로 사용할 수도 있다.

옷방이 따로 있어 침실에 있는 옷장은 베란다 수납장 대용으로 사용하고 있다. 계절용 가전제품, 앨범, 크리스마스 트리처럼 사용빈도가 낮은 것들을 주로 수납한다.

손님용 방석

사용하지 않을 때는 이렇게 보관해둔다. 손잡이가 있는 주머니에 넣으면 한꺼번에 꺼낼 수 있어 편리하다.

장식용 인형

상자에서 내용물만 꺼내서 헝겊 주머니에 넣어 가능한 작게 수납한다.

계절용 가전제품

가습기, 재봉틀, 홈시어터, 온열기 등 계절 제품이나 때때로 사용하는 것은 여기에 수납한다.

철지난 시트

여름용 시트와 겨울용 시트는 다르다. 철이 지난 시트는 여기에 보관하는데, 앞쪽은 여름철에 덮지 않는 겨울이불을 넣어두기 위해 빈 공간을 마련해뒀다.

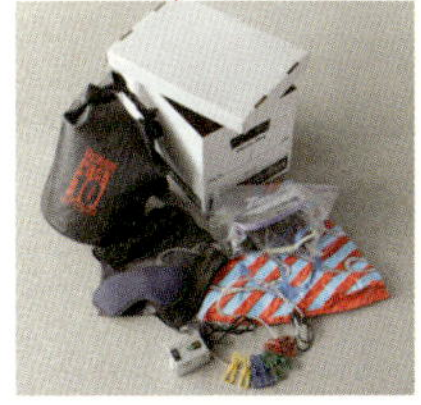

여행용 아이템

여행할 때마다 여기저기 흩어진 물건을 찾는 건 쉽지 않은 일이다. 충전기, 휴대용 베개 등 여행지에서 사용하는 물건은 이곳에 한꺼번에 보관한다.

크리스마스 트리

꽤 큰 트리인데 샀던 그대로의 포장박스에 넣어두면 의외로 간단히 보관할 수 있다. 선풍기 뒤에 넣었다.

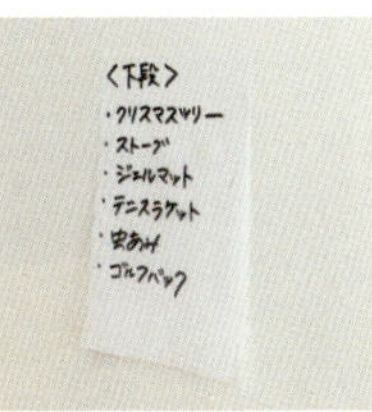

문 뒤에 메모를

안쪽 깊은 곳에 있는 물건이 어디에 있는지 알기 쉽게 적어 문 뒤에 붙여두면 물건 찾는 시간을 줄일 수 있다.

Entrance

 **1**

 **2**

 **3**

바닥 교체

대리석이나 타일의 차가운 느낌이 싫어서 DIY로 나무 판을 깔았다. 폭이 약 9cm 정도 되는 나무판에 오일 스테인을 칠하고 가지런히 놓기만 하면 끝.

[왼쪽 · 중앙의 수납장]

[오른쪽 수납장]

내 공간

내가 신는 사계절용 신발이 모두 여기에 들어간다. 심플하게 살고 싶어 수납이 어려운 제품은 가능한 사지 않는다. 불필요한 신발만 줄여도 신발장 수납이 한결 넉넉해진다.

아이의 공간

아이가 스스로 넣고 꺼낼 수 있도록 아래쪽에 아이의 신발을 모아 놓았다. 위에는 손님용 슬리퍼나 신발 관리용품을 넣는다.

남편의 공간

남편의 신발을 여기에 다 모아둬 이 문 저 문 열지 않고도 쉽게 신발을 찾아 신을 수 있다.

영수증 수납

버리면 안되는 중요한 영수증은 이곳에 잠시 보관해둔다. 클리어파일을 양면 테이프로 붙인 것.

신발장도 1인당 1칸

쌍둥이를 키우면서 가장 힘들었던 점은 직장 일과 집안 일, 육아까지 모두 내 손을 거쳐야 한다는 점이었다. 그때부터 나는 남편과 아이들이 자신의 물건을 스스로 정리하는 습관을 만들어줘야겠다고 생각했다. 내 일손을 덜 필요도 있었지만 무엇보다 본인들 물건은 스스로 챙기는 습관이 중요하다고 생각했기 때문이다. 그래서 탄생한 것이 한 사람당 하나씩 사용하는 신발장 수납법이다. 신발을 크기나 계절별로 모아두면 찾을 때마다 이 문, 저 문을 열어봐야 한다. 하지만 각자의 수납장을 정해 놓으면 문 하나만 열어도 자신의 모든 신발이 들어 있어 수납도 쉽고 사용하기에도 무척 편리하다. 우리집 신발장은 3개로 구분하여 오른쪽 문은 남편 것, 왼쪽 문은 내 것, 가운데 문은 아이들 것으로 사용한다. 특히 아이들 물건은 낮은 곳에 둬 스스로 꺼내고 넣을 수 있게 했다.

현관에 있으면 편리한 것들

현관에서 필요한 물건을 꼽으라면 단연코 신발과 우산이다. 그러나 현관에 있으면 편리한 물건은 더 있다. 우리집에서는 티슈, 머리끈, 가위, 볼펜, 비닐봉지가 그것이다. 모든 준비를 마치고 집을 나서려 할 때 가끔 콧물이 나기도 하고, 신발을 살짝 닦아야 할 때도 생긴다. 또 머리를 묶겠다며 집안으로 다시 들어가야 하는 상황도 생겼다. 오랜 생활 경험에서 발견한 우리 가족의 특징이다. 가위는 택배 상자를 열 때, 볼펜은 우편물에 사인할 때, 비닐봉지는 장화나 다른 물건을 가지고 나갈 때 필요하다.

가족의 생활 습관에 따라 현관에 놓아야 하는 물건이 달라진다. 향수가 될 수도 있고, 열쇠가 될 수 있다. 자주 사용하면서도 무심코 멀리 둔 물건들을 이곳으로 옮겨보자.

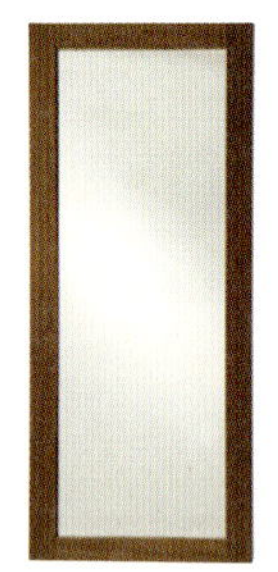

현관 거울로 기분까지 말끔

현관에 큰 거울을 놓았더니 좋은 점이 많다. 외출할 때 옷차림을 한눈에 점검할 수도 있고 현관, 침실, 화장실로 오갈 때 하루에 몇 번이고 이 거울에 비춰보기 때문에 무심코 지나치던 얼굴 표정을 보며 감정 상태도 점검해볼 수 있다. 집에서 많은 시간을 보내는 사람일수록 이 방법을 추천하고 싶다.

큰 거울
나무틀로 짜인 거울이 좋다.

스툴
앉을 수도 있고 가방이나 짐을 잠시 얹을 수 있어 편리하다.

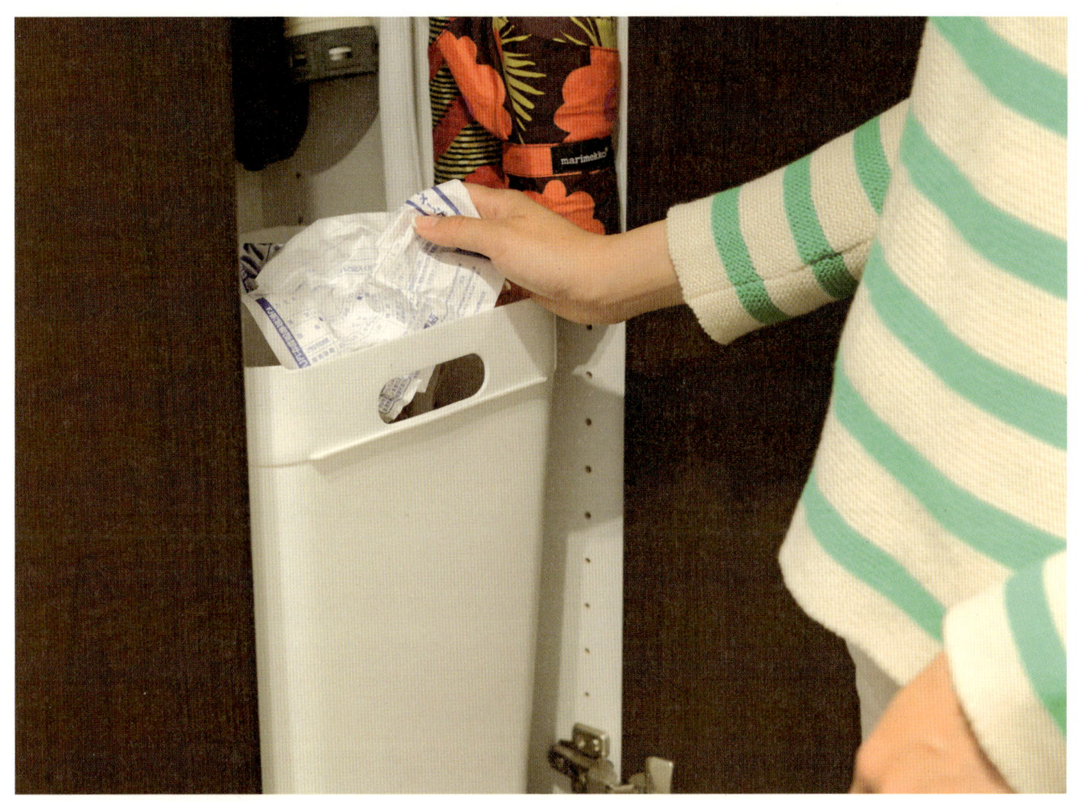

현관은 물건 반입을 차단하는 관문

나는 가능하면 집안에 물건이 들어오는 걸 깐깐하게 막는다. 들어오긴 쉬워도 나가려면 여러 단계를 거치기 때문이다. 그런 용도로 신발장 안에 쓰레기통을 놓았다. 우편물은 모두 여기서 뜯은 후 필요한 것은 챙기고 봉투 등은 바로 버린다. 이것이 습관이 되자 청구서나 우편물이 테이블이나 쇼파에 나뒹구는 일이 사라졌다. 택배도 받는 즉시 여기서 뜯어 상자는 접어서 거울 뒤로 보내고 속에 있는 내용물만 챙겨 들어온다. 이렇게 하니 거실에 택배상자가 쌓이는 일도 사라졌다. 또 현관에서 아이의 주머니 속도 모두 확인한다. 코를 푼 티슈나 구두 속 모래, 과자봉지 등도 모두 이곳에서 쓰레기통에 버리고 들어오는 습관을 들였다. 내부 공간이 한결 깨끗하게 유지되는 비결이다.

《 우편물 정리법 》

우편물은 받는 대로 방치하면 집이 쉽게 지저분해진다.
현관 시스템을 이용해보자.

불필요한 물건을 막는 현관 점검 시스템

현관은 불필요한 것을 차단하는 관문이다. 여기에서 물건을 차단하면 거실이 지저분해지는 것을 방지해 늘 깔끔한 상태를 유지한다. 집안에는 꼭 필요한 것만 들이겠다는 의지가 중요하다.

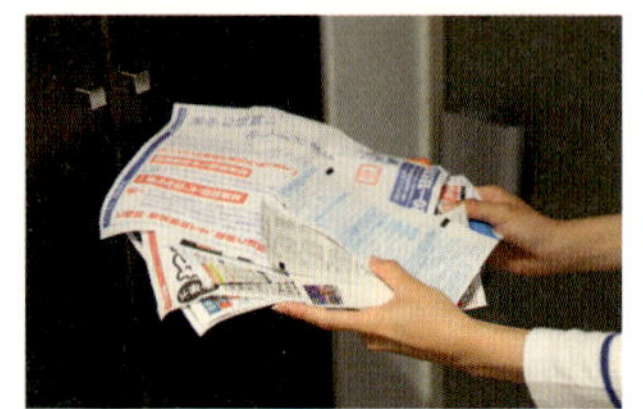

1 우편물이 도착

우편함에서 우편물을 가져온다.

3 불필요한 것은 쓰레기통으로

우편함에 꽂혀 있던 전단지나 문에 붙어 있는 광고 스티커, 개봉한 봉투 등은 모두 쓰레기통으로 보낸다.

2 현관에서 분류

현관에 서서 필요한 것과 불필요한 것을 구분한다. 봉투에 들어 있는 것은 여기서 개봉하고 청구서도 여기서 꺼낸다.

4 필요한 물건만 방으로

이렇게 분류해보면 정말 필요한 것은 아주 일부다. 그것만 가지고 방으로 들어와 블랙보드에 붙인다.

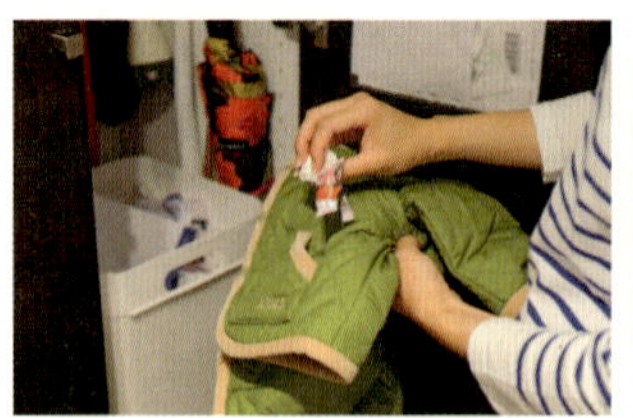
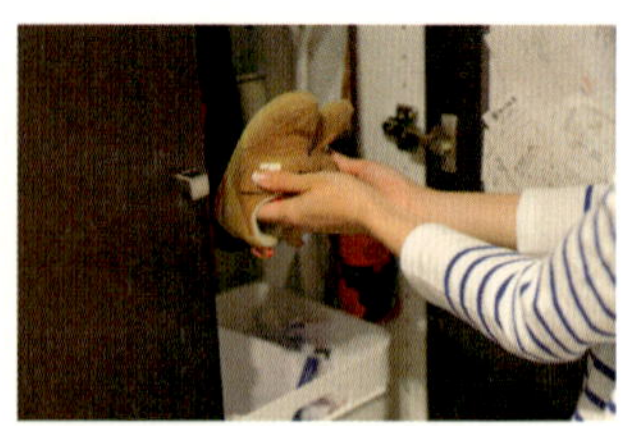

호주머니 속 쓰레기, 신발 속의 모래나 자갈도 여기서 처리

신발 속 모래나 주머니 속에 들어 있는 쓰레기도 바로 쓰레기통으로.
현관에 쓰레기통을 두면 매우 편리하다.

≪ 택배 정리법 ≫

최근 택배로 받는 물건이 많아지면서 상자가 쌓이는 일이 늘어났다.
그래서 이 또한 현관에서 정리를 끝낸다는 원칙을 정했다.

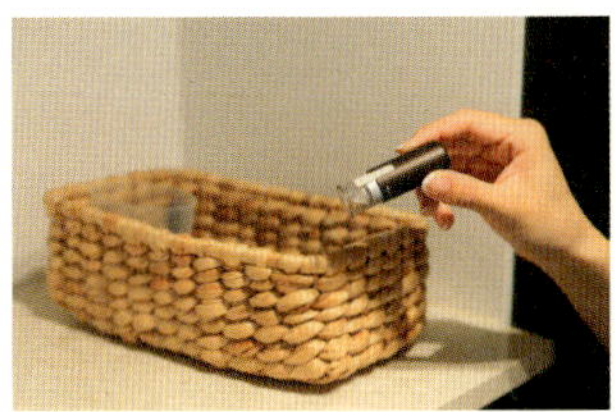

1 택배가 오면

현관 보관함에 볼펜이나 도장을 비치해 필요한 경우 사인을 하거나 날인한다.

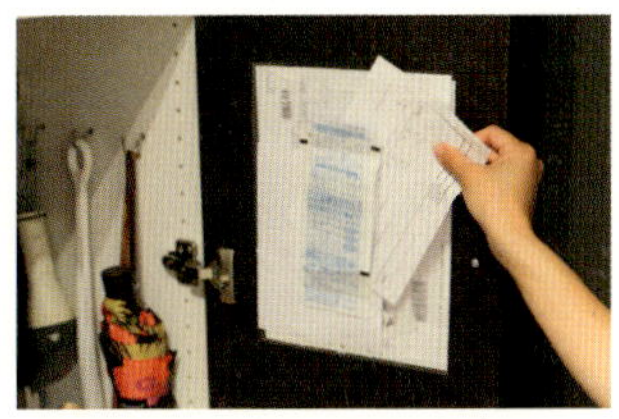

4 영수증은 파일에 넣는다

상자에 동봉되어 온 영수증은 가능한 일시적으로 챙겨둔다. 신발장 안쪽에 붙여둔 클리어파일에 넣어둔다.

2 그 자리에서 개봉

거실로 물건을 들이지 않고 현관에서 바로 뜯는다. 포장 해체를 위해 필요한 가위나 칼도 현관 수납장에 있다.

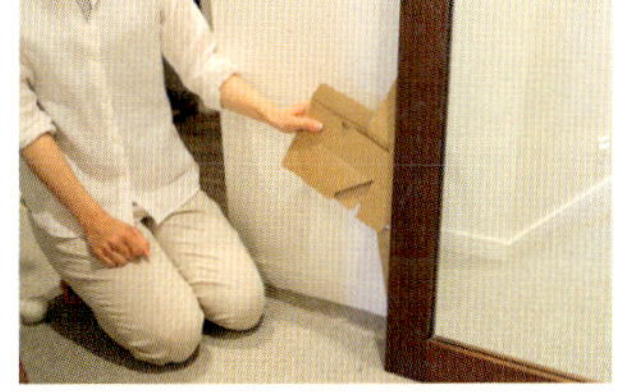

5 상자는 거울 뒤로

뜯은 상자를 착착 접어 현관 옆 거울 뒤에 넣는다. 이렇게 상자가 몇 개 쌓이면 쓰레기를 버릴 때 한꺼번에 가져가거나 베란다로 이동시킨다.

3 불필요한 것은 쓰레기통으로

에어캡, 광고지, 안내문 등 택배상자 안에서 나오는 쓰레기 양은 상당하다. 상품만 꺼내고 모두 쓰레기통에 버린다.

6 상품만 방 안으로

배달된 상품을 수납할 위치로 가져간다. 이로써 택배 도착과 깔끔한 수납이 한꺼번에 완성.

간단 살림을 위한 아이디어 대공개!

집안 일 하는 것도 알고 보면 행복하고 즐겁게 살기 위한 것이다. 따라서 나는 집안 일을 완벽하게 해야 한다는 중압감에서 벗어나 적당히 하면서 스트레스가 없는 걸 더 중요하게 생각한다.

장보기 전에 냉장고를 휴대폰으로 촬영

생활도 바쁜데 냉장고에 뭐가 남고 부족한지 기억하기란 쉽지 않다. 메모를 하는 것은 더 번거롭다. 그래서 나는 장을 보러 가기 전에 냉장고 안을 스마트폰으로 찍는다! 의외로 효과가 커서 깜빡 잊는 일이나 불필요한 과소비를 막아준다.

삼발이도 식기세척기로 닦는다

가스레인지의 삼발이는 자주 닦기 귀찮지만 오랫동안 기름때가 묻으면 청소가 아주 힘들어진다. 나는 삼발이에 찌든 때가 생기지 않도록 가끔 식기세척기를 활용해 닦아주고 7~10일에 한 번 꼴로 세제를 이용해 닦는다.

타월은 세로로 갠다

타월은 수건걸이에 세로로 걸리기 때문에 갤 때도 세로로 4등분으로 접는다(43쪽 참조). 아주 작은 차이 같지만 사용할 때 훨씬 편하다.

냉장고 위에 랩을 씌운다

혹시 무심코 냉장고 위를 만졌다가 엄청난 먼지에 놀란 적이 없는가? 이곳은 눈에 띄지도 않아 청소도 어렵지만 먼지의 온상이다. 냉장고 위에 랩을 붙여두고 1년에 1번 랩을 교체하여 청결을 유지한다.

욕실청소는 샤워 중에

욕실 청소는 일부러 시간을 내기보다는 샤워할 때 한꺼번에 해결하는 것이 간편하다. 주말엔 남편이 아이들을 목욕시키기 때문에 나중에 혼자 씻으면서 욕실을 청소한다.

시트는 하나만

여분의 테이블 시트를 많이 갖고 있으면 수납장 공간만 많이 차지한다. 그래서 여름과 겨울용 1세트씩만 비축해둔다. 건조기가 있어 1세트로도 충분하다.

창문닦기 고무걸레로 거울과 창문 청소

창이나 거울 청소가 쉽지 않다고 고민하는데 창문닦기 고무걸레로 하면 어렵지 않다. 스프레이로 물을 뿌리고 표면을 쓱 훑어 내리면 끝. 세제도, 걸레도, 신문지도 필요하지 않고 놀랄 만큼 깨끗해지기 때문에 스트레스도 없다.

목욕타월은 사용하지 않는다

부피가 크고 잘 마르지도 않는 큰 목욕타월은 사용하지 않는다. 대신 작은 크기의 얼굴수건만 사용한다. 아이들에게는 일인당 2장씩을 주고 매일 빨아 사용한다.

세탁물은 그 자리에 서서 갠다

베란다에서 가져온 세탁물이 일단 거실로 들어가면 소파 위에 얹어진 채 방치되기 일쑤다. 그런 일이 없도록 나는 베란다에 선 채로 갠다.

욕실에 불필요한 물건은 놓지 않는다

아이 둘을 한꺼번에 씻기기 때문에 욕실은 넓게 사용하고 싶다. 따라서 불필요한 물건은 모두 퇴장시켰다.

배수구 뚜껑은 벗겨둔다

주방과 욕실의 배수구 뚜껑은 일부러 벗겨둔다. 보이면 자주 청소하기 때문에 미끈미끈한 때도 생기지 않고 뚜껑도 닦지 않아 일석이조다.

빈손으로 집 안을 다니지 않는다

집 안을 이동할 때는 반드시 이동하는 방으로 가져갈 물건이 없는지 주위를 둘러본다. 이렇게 하면 매일 조금씩 정리도 되고 방도 늘 깔끔한 상태를 유지한다.

바구니를 활용한다

가까운 슈퍼마켓에 갈 때는 나만의 전용 바구니를 챙겨간다. 다른 봉지로 옮겨 담지 않아도 되기 때문에 편하고, 비닐봉지가 많이 쌓이지 않아 좋다. 다용도로 활용이 가능하다.

생활을 점검하는 나만의 관리법

2004년부터 지금까지 이어오는 습관 중 하나는 생각난 아이디어를 노트에 적는 일이다. 2013년 10월, 벌써 43권째다! 이 노트엔 평소 관심 있는 것들을 적고, 좋아하는 인테리어 사진 등을 오려붙이기도 한다. 더불어 그것에 대한 간단한 느낌이나 생활에 어떻게 활용할지 등의 아이디어를 적어둔다.

관리 포인트는 품목별로 나누지 않고 무조건 한 권에 다 적는 것이다. 여러 개로 나누면 메모할 때마다 노트를 찾아야 하고 번거로워 오래 지속하기 어렵다. 하지만 이렇게 하면 지금까지 적어 놓은 것을 한번에 볼 수 있어 효율적이다. 이 노트만으로도 사야 할 물건, 육아, 관심사 등이 명확해져 생활이 정리되는 느낌이다. 또 관심사가 고스란히 드러나 나를 돌아보는 계기도 된다.

chapter 3
육아에 대하여

어릴 때부터 정리 교육을 시작하라

남들은 쌍둥이를 낳았다고 부러워했지만 사실 쌍둥이를 키우는 건 무척 힘들었다. 부모님과 남편의 적극적인 도움이 없었다면 혼자 힘으론 어림도 없었을 것이다. 쌍둥이가 자라 세 살이 되면서부터 나는 작심하고 아이들의 습관을 만들어주는 데 공을 들였다. 아이들 스스로 간단한 몸단장을 하거나 필요한 물건을 찾아 쓰게 하고 싶었다. 나는 어릴 때부터 영어공부를 시키는 것보다 자신의 일을 스스로 처리하는 습관을 들이는 게 몇 배는 더 중요하다고 생각한다. 그러기 위해선 아이들 눈높이에 맞춰 수납 시스템을 바꿀 필요가 있었다. 부모에게 배우는 밥상머리 교육이 중요하듯 아이들이 자신의 주변을 정리하는 교육은 성장 후까지 영향을 미치는 중요한 부분이다.

처음에는 유치원에서 가져온 물건을 가방에서 꺼낸 후 정리하는 것부터 시작했다. 이후 조금씩 할 수 있는 일을 늘려갔더니 지금은 다음 날 가져갈 준비물도 챙기고 자신의 빨랫감은 스스로 빨래통에 넣는 수준이 되었다. 아이들의

성장과정을 지켜보면서 '어려서 못한다', '내가 하는 게 편하다'는 생각이 얼마나 잘못된 것인지 새삼 깨닫게 됐다.

정리 습관은 놀이와도 연결시켰다. 아이들은 장난감 놀이가 끝나면 자연스럽게 정리를 시작한다. 또 장난감이 너무 많아 상자가 넘치면 장난감을 모두 쏟아놓고 더 사용할 장난감만 골라 상자에 넣게 했다. 이것도 아이가 세 살이 된 후부터 시작했다. 조금 이르지 않나 하는 생각도 있었지만 막상 시작해보니 아이 스스로 고장난 장난감을 골라내거나 쓰다 질린 장난감을 구분해냈다. 아이에게 분별력도 생겨 오히려 내 생각이 쓸데없는 걱정이었음을 깨달았다. 인생에서 뭔가 중요한 결정을 할 때가 되면 지나치게 걱정을 하기보다는 더 중요한 것, 더 필요한 것을 정해 우선순위를 매길 필요가 있다. 이는 정리수납의 원칙에도 똑같이 적용된다. 쌍둥이의 정리 교육을 시작한 지는 얼마 되지 않았지만 내겐 그 무엇보다 중요한 일이다. 나는 앞으로도 계속 아이들이 스스로 하는 힘을 키워줄 것이다.

자기주도력 키워 주는 정리 습관

나처럼 정리수납을 좋아하는 엄마가 빠지기 쉬운 함정은 느긋하게 기다리지 못하고 아이들을 앞질러가게 된다는 것이다. 아이들이 어려워할 거라고 지레 짐작하고 지나치게 완벽한 수납 시스템을 준비하는 것도 그런 행동 중 하나다. 사실 나는 아이들이 잘 하지 못할 거라고 생각했었다. 하지만 막상 정리 교육을 시켜보니 아이들 수준보다 조금 어려워 보이는 것도 곧잘 해냈다. 심지어 살짝 어려워 보이는 걸 시킬 때 효과는 더 좋았다. 예컨대 유치원에 갈 준비를 시킬 때 아이들은 손수건 챙기는 걸 잊기도 하고 숟가락 등을 빼먹기도 했다. 처음엔 그럴 때마다 내가 나서서 챙겨줬다. 하지만 나는 곧 느긋하게 기다리고, 실수까지 지켜보는 것이야말로 교육에서 가장 중요한 부분이라는 점을 깨달았다. 뭔가를 빼먹고 유치원을 다녀온 아이가 '다음에는 잊지 말자!'고 스스로 의식하며 실수를 줄여가기 시작한 것이다. 이후 나는 아이가 좀 실수를 해도 지적하지 않고, 스스로 알아차릴 때까지 기다렸다. 그랬더니 놀랍게도 아이는 "이렇게 해볼래." "이건 고쳐야겠다."며 빠르게 변하기 시작했다. 이처럼 아이들 스스로 고민하고 해결할 여지를 남겨두는 여백이 있는 교육은 자기주도력을 키워주며 아이들 성장에 매우 중요하다.

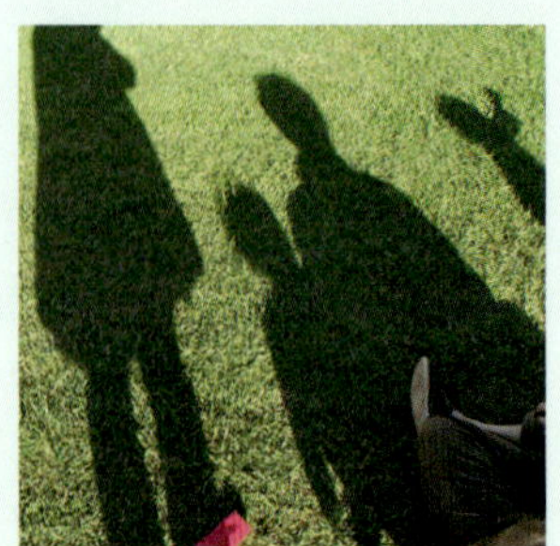

부모가 즐겁게 사는 모습이 교육이다

아이가 태어난 뒤 자신의 취미생활이나 여가를 즐길 시간이 없어졌다는 부모들의 불평을 자주 듣는다. 하지만 남편과 나는 주말이면 여전히 친구들과 떠들썩하게 모여 노는 것을 좋아한다. 원래는 주로 밤에 모였는데 아이들이 태어난 뒤부터는 낮에 거실이나 야외에서 식사를 하며 왁자지껄한 모임을 자주 갖는다. 읽고 싶은 책도, 듣고 싶은 음악도 아이들과 함께 읽고 함께 듣는다. 물론 온전히 아이를 위해 놀아주는 시간도 소중하다. 하지만 나의 어린 시절을 떠올려보면, 낚시를 즐기던 아버지의 뒷모습이 참으로 멋있었고, 바느질을 잘하던 엄마는 나의 큰 자랑거리였다. 나와 놀아주는 부모님도 좋았지만 자신의 일에 몰두하는 어른의 모습도 무척 인상 깊었다. 그래서 우리 부부도 아이를 핑계로 하고 싶은 일을 참기보다는 아이와 '함께 즐기는' 생활을 하는 데 역점을 두고 있다.

언제부터인가 아이들은 주말이 되면 "오늘은 누구랑 밥을 먹어?"라고 묻는다. 누군가와 함께 밥을 먹고 어울리는 시간을 아이들도 즐기기 시작한 것 같아 내심 기쁘다.

SHIPS

Kids' space

놀기 좋고 정리하기 쉬운 공간으로

거실 한쪽을 아이들 전용 공간으로 꾸몄다. 장난감이 한눈에 보여 아이들 스스로 무엇을 하며 놀지 찾아내고 놀고 난 뒤에는 정리하기도 쉽다. 아이들에게는 이상적인 공간이자 나도 집안 일을 하며 아이들을 살필 수 있기 때문에 아이와 어른이 어우러지는 공간이다.

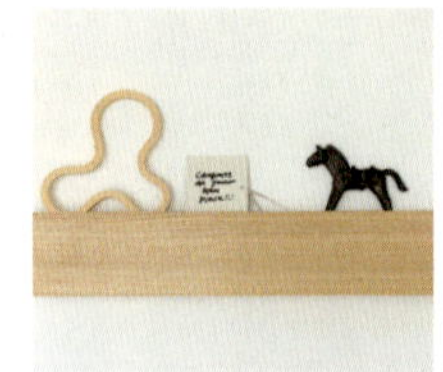

장식 선반

아이의 가구는 모두 높이가 낮기 때문에 벽면에 선반으로 포인트를 줬다. 무인양품의 벽에 붙이는 가구 시리즈다.

잘 그린 그림을 벽에 붙인다

아이가 그린 그림은 거실에 붙이지 않고 이 코너에만 붙인다. 마음에 드는 것만 붙이는데 아이들이 더 좋아한다.

'참 잘했어요' 스티커

상세 내용은 107쪽 참조.

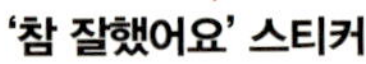

아이들 방의 조명

거실에는 색감이 선명하도록 형광등을 달았다.

그림책 책꽂이

아래 선반과 맞춰 주문했다. 거실의 데스크 폭과 같아서 아이들이 성장한 뒤에는 거실에서 사용할 예정이다.

만능 박스

2개를 겹쳐서 선반으로 이용하거나 낮은 테이블로 이용 가능한 박스. 지금은 그림책이나 장난감을 넣는 수납장으로 활용 중이다.

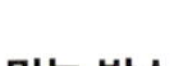

직접 만든 갈런드

숫자가 잘 보이는 시계
아이들도 보기 쉬운 서체
에 간결한 디자인이 편안
한 분위기를 연출한다.

직접 만든 소꿉놀이 선반
우리 부부가 아이디어를
내고 남편이 직접 만들었
다. 남편이 중학교 시절
부터 사용했던 거울과 트
레이를 활용했다.

접이식 책상과 의자
10년 전 구입한 무인양
품의 낮은 테이블과 미니
의자를 조합했다.

아이가 자라서도 쓸 수 있는 가구 선택

아이들이 즐겨하는 소꿉놀이 장난감을 올려놓은 선반은 우리 부부가 신혼부터 애용하는 박스가구다. 겹쳐서 선반을 만들거나 낮은 테이블 대용으로도 사용한다. 지금은 소꿉놀이용 장난감, 그림책 수납장과 나란히 놓고 사용한다. 나머지 2개는 플라스틱 케이스를 넣어 남아도는 장난감 수납공간으로 사용한다. 아이의 성장에 맞춰 다양하게 사용할 수 있어서 내 스타일에 딱이다. 이 제품은 유감스럽게도 현재는 판매되지 않고 있지만, 아이가 있는 집의 가구를 선택할 때 참고하면 좋다.

1세 때

2단으로 겹쳐서 2개를 나란히 놓아 아이들 물건이나 옷을 수납했다.

▼

2~3세 때

그림책 수납장으로 1개를 사용하고 나머지는 3단으로 겹쳐서 수납력을 높였다.

놀기 쉽게, 정리하기 쉽게

아이들의 공간은 장난감을 갖고 '놀기 쉽게, 정리하기 쉽게'라는 두 가지 요건이 다 충족돼야 했다. 그래서 장난감은 모두 원래 상자에서 꺼내서 작은 박스에 각각 수납했다. 박스 정면에 사진을 출력해 붙여 눈높이가 낮은 아이들이 무엇이 어디에 있는지도 한눈에 알 수 있도록 했다. 박스째 꺼낼 수도 있고 다른 타입의 장난감을 섞어 놀 수 있어서 놀이방법이 다양해진다는 장점도 있다. 다 놀고나서 그대로 넣기만 하면 수납도 끝, 정리도 편하다!

원래 포장됐던 박스는 크기나 색이 제각각이라 아이들이 혼란스러워 한다.

▼

같은 형태의 박스에 수납하면 보기에도 깔끔해 보인다.

두고두고 사용할 수 있는 그림책 책꽂이

아이들이 한 살이 됐을 때 생일 선물로 선택한 그림책 책꽂이다. 일반 책꽂이에 꽂으면 책 등만 보여 아이들이 꺼내보기 어렵고 원하는 책을 찾아 읽기도 쉽지 않다. 그런데 이 그림책 책꽂이가 생기자 표지를 보고 아이들 스스로 책을 꺼내 읽고 읽은 후엔 다시 꽂는다. 내가 원하던 사이즈의 책장을 찾을 수 없어 기성제품을 참조하여 주문 제작했다.

지금은 그림책과 그림 그리는 도구들을 수납하는 용도로 사용하지만 아이들이 좀더 성장하면 두 아이의 공통 학용품을 수납하고, 나중에 더 커 독립하면 잡지 수납장으로 사용할 생각이다. 따라서 사이즈도 눈대중으로 하지 않고 옆에 있는 박스 가구와 책상에 맞춰 만들었다. 한번 쓰고 버리지 않을뿐더러 여러모로 활동도가 높아 무척 만족스러운 가구다.

생일선물은 오래 기념할 만한 것으로

나는 아이들 생일선물로 한번 받고 나면 끝인 물건은 가능한 한 주지 않는다. 대신 앞으로 도 오랫동안 사용할 수 있고, 그것을 볼 때마다 '이것은 몇 살 생일날에 받은 것'이라며 두고 두고 기념할 만한 물건을 고르려고 노력한다.

아이들의 한 살 생일 때는 옆의 그림책 책꽂이를 선물했고, 두 살 생일날에는 저 시계와 그 림을 선물했다. 시계는 아이가 숫자에 흥미를 갖기 시작했던 때라서 숫자가 잘 보이면서도 아이들 방에 어울리는 디자인으로 골랐다. 액자 속 그림은 남편의 친구이자 나와도 가깝게 지내는 일러스트레이터가 그려준 것이다. 가족의 추억이 담긴 그림이기도 하고, 이 친구들 이 방문할 때마다 "너희들 두 살 땐 이랬단다." 하고 그 시절을 얘기할 수 있어서 볼 때마다 기분이 좋다.

아들, 딸 각각 색깔을 정해

원하는 장난감을 다 사줄 수가 없어 늘 하나를 나눠가져야 했던 아들과 딸. 하지만 어느 정도 성장하자 가위나 크레파스 등 각자의 물건을 가져야 할 때가 왔다. 그래서 두 개가 필요한 경우에는 색을 달리해 사준다. 아들은 파란색 계열, 딸은 분홍색 계열로 정했다. 색으로 구분할 수 없는 크레파스 같은 물건에는 실이나 마스킹테이프를 붙여 구별한다. 원래는 같은 병에 들어 있는 약을 구별하기 위해 썼던 방법인데, 색깔이라면 아이들도 충분히 구별할 수 있어 그대로 응용했다.

둘의 물건이 뒤섞여 있어도 싸우지 않게 되었을 뿐 아니라, 자신의 물건을 스스로 관리하고 소중히 여기는 첫걸음이 되었다. 쌍둥이뿐 아니라 형제자매가 많은 집에서도 충분히 활용할 수 있는 아이디어다.

아이들의 작품 보관법

아이들이 시시때때로 그리는 그림이나 크고 작은 창작품은 눈깜짝할 사이에 수북이 쌓인다. 그때마다 다 버릴 수도 없고, 다 갖고 있자니 그 양도 만만치 않다. 사진으로 남겨둘까 하는 생각도 한 적이 있지만 어느 날 할머니가 소중히 보관해온 상자에서 내 어린 시절의 그림을 꺼냈을 때 생각을 고쳐먹었다. 어린시절의 물건들이 얼마나 아름답고 감동적인 선물인지 깨달았기 때문이다. 그래서 두 개의 그림 상자를 준비해 아들과 딸 각각의 작품을 보관하기 시작했다. 작품이 늘어날 때마다 위에 쌓이기 때문에 특별히 정리하지 않아도 된다. 1년마다 A3 클리어파일에 들어가는 만큼만 골라 옮긴다.

큰 도화지에 그려도 웬만하면 A3 파일에 충분히 보관할 수 있다.

할머니가 보관하고 있다가 보여 준 내가 어린시절에 그린 그림. 전단지의 뒷면에 그려 그 시절 분위기가 고스란히 느껴진다.

장볼 때 사용하는 바구니에 모든 장난감을 모은다.

바구니째 수납장으로 이동해 자리를 구분한 뒤 제자리에 넣는다.

정리는 매일 밤 잠들기 전에

집안 일을 완전히 끝내면 적어도 30분간 나는 온힘을 다해 아이들과 놀아준다. 그리고 노는 시간만큼은 아무리 어질러도 상관하지 않는다. 그러다 아이도 나도 충분히 놀고 나면 바로 정리를 시작한다. 이곳저곳 흩어져 있는 장난감을 한데 모아 각각의 수납공간에 넣는 것이다.

아이들이 좀 귀찮아 하는 기색을 보이면 "아빠가 깨끗한 집에 오면 기운이 불끈 솟을 거야. 아빠가 올 때까지 깨끗이 치우자."라고 말하며 은근히 부추긴다. 그러면 아이들도 신이 나 더 열심히 정리한다.

아이가 불평할 때가 기회다!

종종 아이들이 정리하기 싫다고 보챌 때가 있다. 당연한 일이다. 하지만 처음엔 아이를 꾸짖기도 하고 제대로 교육시키지 못한 나를 책망하기도 했다. 그러다 '내 정리 시스템이 뭔가 잘못된 건 아닌가?' '실제로 해보니 수납하기 어려운가?' '나이에 맞지 않나' 등 여러가지를 되돌아볼 시간을 가졌다. 결국 아이가 보챌 때마다 한 번씩 나의 수납법을 돌아보고 반성하는 계기로 삼게 됐다.

요즘은 스티커를 활용하는데 효과 만점이다. 아이 스스로 준비를 하고 유치원에 갈 채비가 완벽하게 끝나면 달력에 '참 잘했어요' 스티커를 붙여준다. 어른에겐 별 것 아닌 것 같지만 이 스티커를 붙이는 즐거움에 흠뻑 빠진 아이들에겐 엄청난 동기유발 효과가 있다. 이런 식으로 아이들이 좋아하는 방법을 개발해 자발적인 아이로 키우는 것이 나의 목표다.

집안의 작은 일은 아이와 함께

아이들이 어릴 때 집안 일의 최우선 목표는 '얼마나 편한가'였다. 하지만 아이들이 세 살이 가까워지자 적당히 할 일과 제대로 가르쳐야 할 일이 따로 있다는 사실을 깨달았다. 그래서 그 전엔 인터넷 쇼핑으로 해결하던 장보기를 아이들과 직접 하고 설거지도 식기세척기에 의지하지 않고 함께 한다. 놀이뿐 아니라 집안의 작은 일은 아이들과 함께 하려고 노력하는 편이다.

나의 취미 생활도 포기하지 않았다. 엄마로서 이력이 붙자 동시에 할 수 있는 일이 조금씩 늘기 시작했다. 아이가 종이접기를 할 때 나는 그 옆에서 잡지를 오리거나 얼굴 마사지를 하며 함께 시간을 보낸다. 아이들은 엄마가 옆에 있으니 안정된 상태에서 놀고 나는 스트레스를 풀 수 있어 서로에게 좋다.

타인의 육아법, 일부러 묻지 않는다

처음 엄마가 되었을 때 혼란을 겪지 않는 엄마는 없다. 나도 마찬가지였다. 처음엔 모든 것이 낯설고 두려워 사사건건 조사를 하고 묻기 바빴다. 하지만 인터넷에서 얻은 정보들은 의외로 부정적인 것들이 많았다. 심지어 엄마로서 내 원칙을 세우는 데 방해가 되는 것들도 많았다. 그래서 언제부턴가 누가 봐도 명백한 답이 있는 것이 아닌 한 일부러 알아보지 않는다. 인터넷보다는 가까운 친구나 선배에게 물어 좋다고 생각되는 것만을 골라 내 생활에 도입한다. 육아에 정답은 없다. 세상에 같은 아이도 없다. 온갖 정보에 휘둘리지 말고 내 아이를 잘 관찰한 다음 자신의 감각을 믿고 판단하는 게 옳다.

여행 갈 때는 이렇게

우리 가족은 쌍둥이가 11개월이 됐을 때 첫 여행을 갔다. 그 이후로는 3~4개월에 한 번꼴로 여행을 한다. 팬션이나 캠핑장에 묵으며 친구 가족들과 바비큐를 굽는 것이 우리 여행의 기본 패턴이다. 캠핑장은 아이들이 마음껏 소란을 떨며 놀기 좋아 매력적이다. 야외에서 모두 모여 음식을 먹고 즐기는 모습이나 온갖 재료들로 이 궁리 저 궁리를 하는 부모들의 모습은 그 자체로 아이들에게 산교육이 되기도 한다. 여행을 떠날 때 딱 한 가지 원칙은 반드시 지킨다. 집에 있는 장난감을 절대로 가져가지 않는다는 것. 현장에 있는 다양한 물건을 활용해 노는 감각을 키워주기 위해서다.

캠핑용품은 모두 렌탈하고 식재료도 미리 준비하지 않고 현지에서 구한다. 아이들을 동반하는 여행이 준비 단계부터 스트레스가 되면 여행이 아니라 숙제가 되기 때문이다.

파자마는 가지고 가지 않는다

어린 아이 둘을 데리고 가려면 짐은 최소한으로
줄이는 것이 좋다. 파자마는 가져가지 않고 다음날
입을 편한 옷으로 대체한다. 짐은 어떻게든 최소한
으로 줄이는 것이 좋다.

세탁망을 수납주머니로 활용

옷이나 속옷은 세탁망을 활용해 수납한다. 집에 돌
아와서 그대로 세탁기에 넣을 수 있어서 편하다.
오래 묵을 때는 현지에서 그대로 세탁기에 넣고
빨기도 한다.

여행지에서도 장바구니를 활용

장을 보거나 장난감을 정리할 때 사용하는 바구니
는 여행지에서도 유용하다. 더러워져도 곧 닦을 수
있고 짐을 운반하거나 뒤집어 테이블로 사용하기
에도 안성맞춤. 여행지에서 오히려 다용도로 사용
한다.

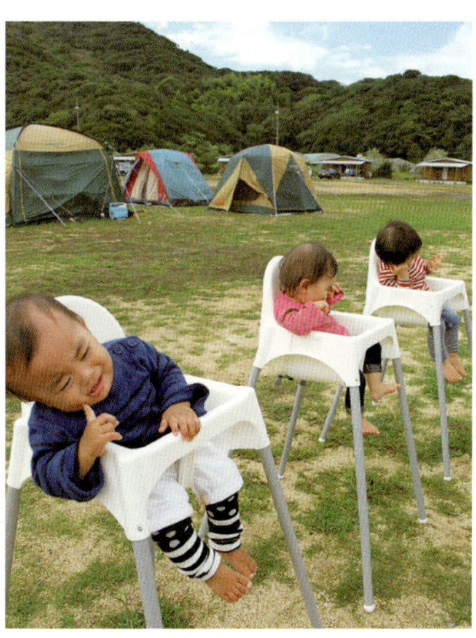

아이들 의자를 가져간다

아이들이 어릴 때는 집에서 사용했던 의자를 가져
갔다. 아이를 안고 있지 않아도 되고 부모와 함께
테이블에 앉을 수 있어 편하다. 이 IKEA 의자는
가볍고 겹칠 수 있는 데다 다리도 분리된다.

쌍둥이 육아에 힘이 되어준 애용 아이템

쌍둥이 육아에는 돈이 제법 든다. 한 번에 두 아이의 것을 사야 하기 때문이다.

그래서 가능하면 싸고 질이 좋은 것을 찾았다. 그런 것들 중 유용하게 썼던 것을 소개한다.

《 육아 아이템 》

컬러 바구니

아이가 어릴 적에 색감을 즐길 수 있도록 이렇게 색깔 있는 바구니가 좋다. 아이 턱받이나 미니타월을 수납했다.

모자와 양말

나는 아이들 옷은 값싼 것으로 사는 대신 소품으로 멋을 낸다. 옷값보다 훨씬 싼 가격으로 맘에 드는 브랜드를 살 수 있다.

소프트 턱받이

부드러운 소재로 만들어진 턱받이는 아이 몸에 딱 붙어 흘린 음식물을 잘 받아내고 씻기도 간단하다.

손수레

귀여움이 시선을 끄는 손수레. 나중에 장식용으로 사용해도 좋다. BRIO 손수레.

미니의자

거실의 좌식 테이블에 앉아 밥을 먹거나 그림을 그릴 때 사용한다. 네 살인 지금도 여전히 애용중이다. KATOJI 제품.

식탁용 의자

가볍고 겹칠 수 있고 이동도 쉬워 쌍둥이를 키우는 집에 그만이다. IKEA 제품.

숄더백

크로스백은 양손이 자유로워 아이를 키우는 데 필수품이다.

소품 수납백

화장품을 수납하는 데 사용하는 소품백. 출산 선물로 받아 아기용품 수납에 사용했다.

기저귀 가방

많이 들어가고 접을 수 있어 다용도로 사용할 수 있다. 마리멕코 제품.

《 유치원 아이템 》

세탁할 수 있는 이부자리

유치원이나 여행에 가져가는 이불이라 집에서 쉽게 세탁할 수 있는 것을 선택했다.

끈 달린 타월

색이나 무늬 덕에 자기 것인지 금방 알아볼 수 있어 유치원에서 사용하기 좋다.

이름 스탬프

유치원에 가지고 가는 모든 것에 이름을 적기 때문에 스탬프를 적극 활용한다.

물세탁할 수 있는 오리털 잠옷

겨울에 조끼처럼 입을 수 있는 오리털 잠옷인데 좀처럼 감기에 걸리지 않아 애용한다.

파자마

매일 입는 파자마는 벨라메종에서 구입했다.

이니셜 T셔츠

유치원에서 무난하게 입을 수 있는 옷으로 몇 개 준비한다.

수영복

쌍둥이라 늘 두 배의 예산이 필요해 디자인과 가격 모두 만족스런 H&B에서 구입했다.

매직테이프 운동화

아들은 파란색, 딸은 빨강색으로 한 번에 뗐다 붙일 수 있는 뉴밸런스의 운동화를 선택했다.

가방

할아버지, 할머니가 두 살 생일에 선물해준 콜롬비아 가방. 각자의 소지품을 넣고 유치원으로 간다.

이불 커버

면으로 옆에 지퍼가 달린 이불 커버. 아기침구 전문점에서 구입했다.

창이 있는 우산

핑크와 그린으로 딸과 아들의 색을 구분했다. 펼쳤을 때 투명한 창이 있어서 안심할 수 있다. RAGMART 제품.

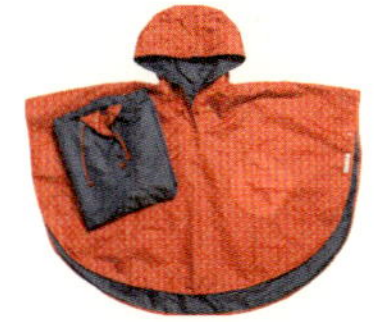

비옷

버튼을 채울 필요 없이 머리를 쑥 넣기만 하면 끝. 벗을 때도 한손이면 충분해 편하다. Those days 제품.

어린 아이에게도 취향이 있다

아이들이 너무 어렸을 때는 남편과 의논하여 아이 물건을 골랐다. 하지만 좀 자란 후부터는 부모의 취향이나 의견을 강요해선 안 된다는 게 내 생각이다. 그렇다고 아이의 취향이나 기분에 맞춘 물건으로 집안을 가득 채울 순 없다. 그런 물건이 많아지면 공간도 산만해지고 아이들 정서에도 좋지 않기 때문이다. 남편과 나는 속옷과 양말만은 캐릭터 상품을 구입해도 좋다는 원칙을 정했다. 쇼핑을 할 때 양말과 속옷은 아이가 직접 고르게 하는데 각자 자기가 좋아하는 캐릭터를 고른다. 세 살이라는 어린 나이에도 좋아하는 취향이 있다는 게 참 신기하다. 이런 식으로 조금씩 각자의 취향과 개성, 선택하는 안목을 키워줄 생각이다.

chapter 4
내 아이
사진 정리법

사진 정리로 아이에게 추억을 선물하라

자랑삼아 블로그에 올린 '아이 사진 정리법'이 주부들 사이에 그렇게 인기가 있을 줄은 몰랐다. 덕분에 사진 정리법에 대한 고정 세미나가 생기고 벌써 마흔 번째를 맞이했으니 고마울 따름이다.

가족에게 아이의 사진은 특별한 의미다. 부모가 백일, 돌 등 기념일에 사진을 찍는 것도, 평소 열심히 셔터를 누르는 것도 아이의 성장 과정이 그만큼 소중하기 때문이다. 사진은 돌아오지 않을 찰나를 기록하는 보물이다. 하지만 무조건 사진만 찍어놓고 보관만 하거나 꺼내보지 않는 사람들이 꽤 많아 안타깝다. 아이가 태어난 처음 몇 달, 몇 년은 열심히 찍다가도 금세 흐지부지되는 사람도 적지 않다. 이래서는 사진을 찍는 의미가 퇴색된다.

사진의 진짜 의미는 가족들이 자주 보고 얘기할 때 비로소 생겨난다. 우리집은 아이가 어렸을 때부터 함께 앨범을 본다. 오래 전 기억이라 분명 잊었을 거라고 생각했던 사진을 보며 아이들이 "와, 이때 같이 바비큐를 먹었어.", "여

  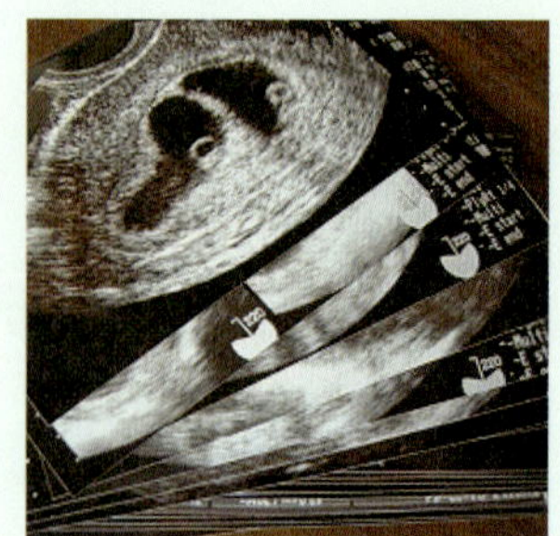

기 꽃밭 이뻐, 이뻐."라고 말할 때 사진이야말로 훌륭한 커뮤니케이션 도구라는 생각이 든다. 또 추억을 떠올리며 활짝 웃는 아이들을 보고 있으면 앞으로도 앨범을 잘 만들어둬야겠다는 생각이 저절로 든다.

추억이 아이들 성장에 중요한 역할을 하는 만큼 사진 정리도 육아에 있어 매우 중요한 부분이다. 사진이야말로 부모가 아이에게 오롯이 남겨줄 수 있는 귀한 선물이 아닐까 싶다. 세미나를 열 때도 참석자들에게 이 점을 강조한다. 집 청소나 정리는 다른 사람에게 부탁해도 된다. 하지만 아이들의 사진을 정리하는 일은 부모만이 할 수 있다. 부모가 어떻게 하느냐에 따라 아이들의 소중한 추억이 묻혀 버리기도 하고 되살아나기도 한다. 또 어떤 사진을 버리고 남겨둘지를 결정하는 것도 엄마다. '내 아이의 추억을 보관하고 지켜줄 사람은 나뿐이다'라는 심정으로 미뤄뒀던 사진 정리를 시작해보자.

1년에 딱 2권의 앨범을 만든다

쌍둥이를 낳기 전에 부푼 마음으로 "아이들 앨범은 어떤 식으로 만들어요?"라고 묻고 다녔다. 그랬더니 돌아오는 대답이 거의 비슷했다. 출산 후 1년 동안은 꽤 열심히 찍지만 그 이후는 흐지부지 되기 십상이란다. 게다가 둘째를 낳으면 더는 아이의 사진을 찍을 엄두조차 내지 못한다고, 입이라도 맞춘 양 똑같은 대답이 돌아왔다.

이해가 안 되는 것도 아니었다. 나 역시 일하는 엄마이기 때문에 아이들의 사진을 찍고 정리할 시간을 내기가 쉽지 않을 것 같았다. 하지만 그렇다고 완전히 포기하기엔 너무 아쉬운 마음이 컸다. 그래서 바쁜 생활 속에서도 지속할 수 있는 '심플하고 간단한 방법'을 찾기 시작했고 마침내 '1년에 2권의 앨범'을 만들기로 결정했다.(옆 그림 참조)

아이들의 앨범은 나름대로 엄선한 사진으로만 꾸민다. 자신있게 권할 수 있는 '세심하게, 오래도록, 애착을 가지고' 만들어가는 소중한 아이들의 추억이다. 이제부터 앨범 만드는 방법을 소개한다.

OURHOME 2009
'09
BEST WISHES
FOR
A WONDERFUL
NEW YEAR
SPEED LIMIT 25

한 달에 11장, 엄선한 사진만 앨범으로

사진은 전문업체에서 인화를 해도 좋고, 집에서 컬러 프린트를 해도 좋다. 중요한 것은 1~2년 정도 하다가 포기하지 않도록 꾸준히 할 수 있는 자기만의 방법을 찾는 것이다. 그래서 나는 집에서 쉽게 컬러 프린트를 이용해 사진을 뽑고 포켓식 앨범에 꽂기만 하면 되는 방법을 택했다. 큰 원칙은 1년에 1권의 앨범, 한 달치 사진을 펼친 면 하나에 넣는다는 원칙이다. 내 앨범은 펼치면 총 12개가 들어가는 것인데, 펼친 면에 그달의 베스트 컷 11장을 넣는다. 추억으로 보관하기도 적절한 양이고 앞으로도 엄청난 사진을 갖게 될 거라서 내게는 딱 좋다. 총 12개의 포켓 중 나머지 한 칸에는 육아일기를 넣는다.(123쪽 참조)

≪ 아이 앨범 만드는 법 ≫

소중히 남기고 싶은 사진,
간단한 방법으로 쉽게 하면서도 계속할 방법을 소개한다.

1 펼친면에 한 달분 사진을

펼친 면에 한달 치 사진을 넣기로 정하면 보기도 좋고 관리도 편하다. 한 달치 사진 중 베스트컷만 엄선해 11개를 꽂고 나머지 1칸은 육아카드로 채운다. 한 달에 11컷만 넣을 수 있으므로 사진을 무척 엄선하게 된다. 의외로 사진 고르는 재미가 있다.

2 다루기 쉬운 앨범을 고른다

A4 사이즈를 추천한다. 앨범은 아이도 쉽게 꺼내볼 수 있도록 가볍고 간단한 것이 좋다. 또 다소 거칠게 다뤄도 사진이 빠져나오지 않는 것을 골라야 한다. 20장 정도의 두께면 적당하다.

3 특별한 달에는 페이지를 늘리자

여행, 이벤트가 있는 달에는 사진도 많아진다. 이럴 때는 펼친 면 2개로 페이지를 늘리면 된다. 한번 정한 룰을 지나치게 고집하다 보면 즐거움이 스트레스로 변질되기 십상이다.

4 밖에서 받은 사진은 뒤부터

여행을 다녀온 지 한참 후에 친구들이 사진을 보내줄 때도 있다. 이 사진들을 정해진 면에 꽂으려 들면 모든 것이 엉켜버린다. 이럴 때를 대비해 앨범의 뒷부분은 일정량 비워둬야 한다. 밖에서 받은 사진을 뒤부터 순서대로 꽂으면 된다.

5 큰 사진과 CD는 다른 앨범에

대형사진과 엄선하고 남은 사진 전부를 저장한 CD를 별도로 보관한다. CD가 들어가는 미니앨범 사이즈에 이 두 가지를 넣어두면 정리 끝.

6 초음파 사진도 버리지 말자

아름다운 첫 만남의 순간도 시간이 지나면 희미해진다. 출산 전 사진도 잊지 말고 챙겨두자. 초음파 사진을 그대로 보관하면 쉽게 손상되므로 다시 촬영해 출력했다. 볼 때마다 새롭다.

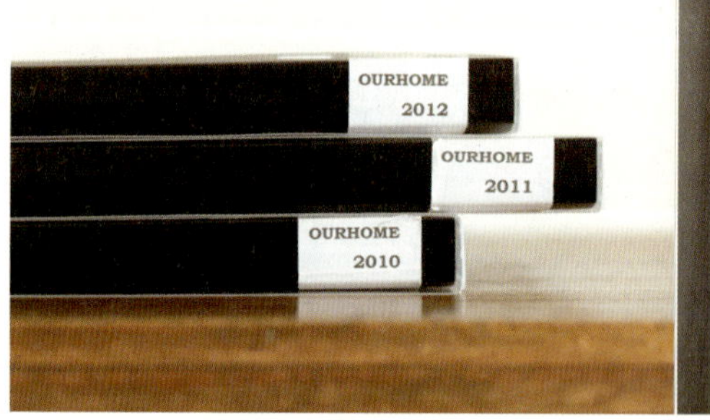

7 라벨링으로 알아보기 쉽게

심플한 디자인이 맘에 들어 이 앨범으로 통일하고, 라벨링을 해 알아보기 쉽게 했다. 해당 연도를 인쇄한 후 양면테이프로 붙이면 끝.

8 쉽게 꺼낼 수 있는 곳에 수납

서랍이나 장롱 깊숙이 넣어둔 사진은 자주 보지 않아 앨범을 만든 의미가 퇴색한다. 그래서 나는 거실 옆 눈에 잘 띄는 수납장에 꽂아 두고 수시로 꺼내본다.

◀ 사진과 함께 읽는 육아일기 만들기 ▶

앨범은 육아일기의 역할도 맡고 있다.
한 달에 한 칸의 글만 쓰기 때문에 포기하지 않고 꾸준히 할 수 있다.

1 왼쪽 위 칸에 육아일기를

12개의 앨범 포켓 중 한 칸은 육아일기 카드를
넣는 곳이다. 사진 하나하나에 코멘트를 다는 일
은 쉽지 않기 때문에 이 칸에 간단한 사진 설명
이나 그 당시 성장 메모를 함께 적어두면 일석이
조다.

2 육아일기 카드작성

육아일기 카드는 내가 컴퓨터로 직접 만들었다.
엑셀 프로그램으로 간단한 양식을 만들어 해당
연도와 월을 적어 넣고 출력하면 된다. 사진을
인쇄하는 종이에 프린트한다.

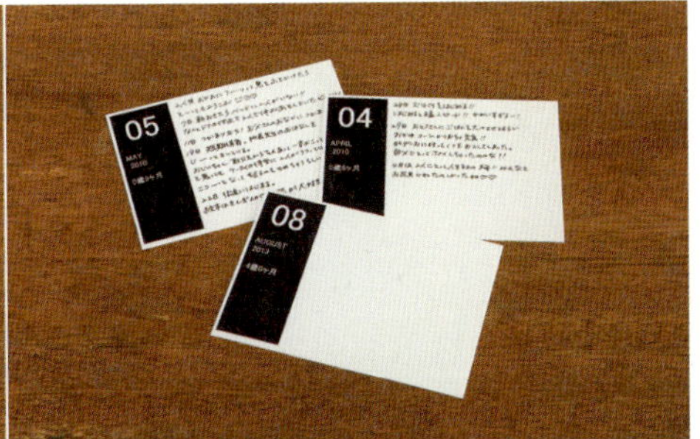

3 육아일기 카드는 눈에 띄는 곳에

출력한 카드는 평소 사용하는 수첩에 넣고 다니
다가 시간 여유가 있을 때 꺼내 적는다. 이러면
따로 시간을 내지 않아도 간편하게 쓸 수 있다.
매일 보는 냉장고에 붙여두는 것도 방법이다.

4 내용은 꽉 채우지 않아도 좋다

육아일기는 단 몇 줄만 있어도 좋고, 쓸 내용이
없다면 백지 상태로 넣어두는 것도 좋다. 모아뒀
다가 한꺼번에 정리하려면 일이 커지므로 완벽
하지 않아도 괜찮다는 느슨한 마음으로 계속하
는 게 중요하다.

앨범 만들기가 번거롭다면 미니 앨범

앨범에 넣는 사진은 신중하게 엄선하지만 여기서 탈락한 사진 중에도 추억이 가득한 사진들이 많다. 디지털로 보관만 해두기엔 너무 아까운 사진들이다. 그래서 나는 또 다른 앨범을 만든다. 이 앨범은 작은 사이즈로, A4 사이즈에 42장을 담아 인쇄한다. 사진이 너무 작으면 출력했을 때 해상도가 떨어지기 때문에 이 사진은 전문 사진관에 의뢰하여 제작한다. 많은 사진을 한 번에 인쇄할 수 있고, 사진을 앨범에 끼워 넣거나 제본할 필요도 없다.

이런 방법은 일상의 순간들을 한꺼번에 기록할 수 있어 꽤 만족스럽다. 엄선한 앨범과 이 심플 미니 앨범만으로도 아이들의 추억 사진은 충분하다.

[미니 앨범 만들기 4단계]

결과에 비해 만드는 과정은 그리 복잡하지 않다.
1년치 사진을 1권의 미니 사진첩으로 만든다.

1 연말에 한꺼번에 정리한다

몇 장을 할지는 특별히 고민하지 않는다. 원하는 사진을 촬영 순서대로 가볍게 선택해 인터넷 사진관에 의뢰하면 된다. 굳이 편집을 하지 않아도 되고 제작 부담도 없다. 나의 경우 매년 약 600장 안팎으로 A4로 15장 정도 분량이다.

2 표지는 매년 연하장으로

연하장은 매년 사진을 콜라주해서 만드는데, 아이가 태어나기 전부터 해오던 일이다. 앨범을 의뢰할 때 A4로 확대인쇄한 표지도 같이 제작한다.

3 가족 외 사진도 넣는다

이 앨범은 촬영순으로 인쇄되기 때문에 지난 1년을 시간 순서대로 떠올릴 수 있다는 매력이 있다. 그래서 가족뿐 아니라 친구, 여행, 일상의 소소한 장면까지 의식적으로 섞어 넣는다. 아이들의 성장과 이런 일상 사진이 연결돼 있으면 당시를 연상하기가 더 쉽다.

4 커뮤니케이션 툴로 이용한다

이 앨범은 가볍고 작아 간단히 가지고 다닐 수 있다. 친구들이 모이는 곳에 가져가면 흥미진진해하고, 종종 친구나 친구 아이들 사진도 있어 언제나 즐거운 이야기꽃을 피울 수 있다.

앨범 만들기를 포기하지 않고 지속하려면 번거로운 과정은 없애는 게 좋다.
그래서 나는 온라인 사진관이나 편리한 툴을 개발해 활용한다.

L판 사진의 인쇄는 온라인으로

엄선한 사진으로 꾸미는 앨범의 L판(89X127) 사진은 1년 분이 130장이 넘는다. 그러니 인쇄비용이 결코 만만치 않다. 그래서 내가 활용하는 방법은 온라인 사진관이다. 값도 싸고 질도 만족스럽고 인터넷으로 사진을 업로드하면 돼 간편하다.

인쇄는 × 3장씩

나는 각 사진을 3장씩 인쇄한 다음 앨범에 넣어 친정과 시댁에 하나씩 보낸다. 세 집에 같은 앨범이 하나씩 있는 셈이다. 양가 부모님도 무척 좋아하시고 틈날 때마다 꺼내보며 즐거워하신다. 우리집 앨범에 무슨 일이 생겨도 안심할 수 있다.

인쇄는 3~4개월에 한 번

한 달에 11장을 엄선하더라도 매달 인쇄할 필요는 없다. 나는 사진을 많이 찍는 달, 예컨대 생일이나 크리스마스 이후에 몰아서 인쇄하는데 평균적으로 3~4개월에 한 번꼴로 인쇄하게 된다. 무리하지 않으면서 계속 할 수 있는 요령이다.

데이터는 무선으로 보낸다

사진을 휴대폰으로 찍으면 바로 클라우드 프로그램을 이용해 컴퓨터에 저장한다. 디지털 카메라로 찍을 때는 무선카드를 사용해 케이블이 없이도 컴퓨터로 옮길 수 있다.

우리는 프로가 아니기 때문에 사진 찍는 솜씨가 좀 부족해도 크게 신경 쓸 필요가 없다.
나는 잘 찍겠다는 욕심은 버리고 대신 애정을 가득 담아 찍는 걸 목표로 한다.

애용하는 카메라

니콘 D60. 카메라에 대해 잘 모르기 때문에 많은 사람들이 사용하는 카메라를 골랐다. 프로처럼 완벽하진 않지만 흔들려도 그것 나름의 멋이 있다. 렌즈를 써야 한다면 다루기 쉬운 렌즈 한두 개면 충분하다.

일상을 찍는다

포즈를 취하고 찍는 사진도 귀엽다. 하지만 잠자는 모습, 사소한 동작, 작은 손, 뒷모습 등 사소한 일상의 모습을 찍어두면 한결 풍성한 기록이 된다.

인물 외의 사진도 찍어 균형을

앨범에는 인물만 넣으려는 사람이 있는데 하늘이나 낙엽, 일상의 풍경, 가슴 설레게 하는 것, 실내 인테리어 등도 좋은 추억이 된다. 나는 의식적으로 주변에서 눈에 띄는 사물을 찍는다. 인물 사진만 보는 것보다 다채롭고 지루하지 않으며 균형감을 잡아준다.

우는 얼굴일수록 찰칵!

웃는 아이도 예쁘지만 울어재끼는 모습도 찍고 보면 엄청나게 사랑스럽다. 사진에 담긴 그 시절의 추억을 보는 즐거움이 몇 배로 커진다.

사진 정리에 대한 Q & A

세미나에 참가해 주셨던 분들에게 가장 자주 받았던 질문을 정리했다.

Q
앨범은
한꺼번에 몇 권을
사는가?

A

10권을 산다. 아이들이 열 살이 될 때까지 사진 정리를 해주는 것이 부모의 역할이라고 생각한다. 도중에 같은 제품이 품절되는 경우가 있어 애용하는 제품을 한꺼번에 장만한다. 열 살 이후의 앨범 정리는 아이에게 직접 맡길 생각이다.

Q
아이 사진을
좀처럼 처분할 수 없다.
어떻게 할까?

A

아이 사진은 엉망인 것이라도 쉽게 버리지 못한다. 그래서 나의 경우 무리를 하면서까지 처분하진 않는다. 대신 데이터가 적당한 용량의 HDD(하드 디스크 드라이브)에 보관해두고 앨범에 넣을 사진만 엄선해 인쇄한다.

Q
친구랑 찍은
사진은
어떻게 나눌까?

A

인쇄를 하지 않고 데이터 파일 상태로 전달한다. 친한 친구와는 사진공유 기능을 사용해 사진을 주고 받는다. 그 외의 친구들과는 사진 공유 사이트나 이메일을 이용하기도 한다.

Q
아이별로 앨범을 나누어
만들 순 없나?

A

아이별로 앨범을 만드는 가족도 있긴 하다. 하지만 그러면 대개 오래 지속하지 못한다. 나에게 앨범은 몇 달 만들다 포기하는 게 아니라 꾸준히 만들고 싶은 것이다. 그래서 아이별이 아니라 가족을 통털어 1년에 1권으로 정했다. 나중에 딸아이가 결혼을 하면 엄선한 사진으로 꾸민 앨범을 선물할 계획이다. 한 권이 더 필요하다면 데이터를 인쇄하기만 하면 된다.

Q

부부의
옛날 사진은
어떻게 관리하나?

A

남편과 사귀기 시작해 결혼할 때까지 찍은 사진은 특별히 정리하지 않다가 임신하면서 시간 여유가 생겼을 때 앨범으로 만들었다. 신혼여행에서 찍은 사진들도 A4에 여러 장의 사진을 넣어 인쇄한 후 묶어 제본했다. 사이즈가 모두 같아 매년 만드는 아이들 앨범과 나란히 수납한다.

Q

사진 데이터는
어떻게 보존하고
있는가?

A

앨범에 넣은 엄선한 사진은 CD에 넣고, CD는 각 앨범의 마지막 페이지에 넣어 보관한다. 엄선 과정에서 탈락한 나머지 사진들은 HDD에 보존하고 있다. 하지만 데이터가 손상될 것에 대비해 중요한 사진은 인쇄하여 남기는 편이다.

Q

오랜 세월
사진을 정리하지 못한 탓에
1년에 1권의 앨범 제작이
어려운 경우는 어떻게 할까?

A

너무 많은 사진이 쌓여 도저히 정리할 여력이 없는 상태라면 1년에 10장 정도의 사진을 엄선해 시작하길 권한다. 5년이나 10년 단위로 1권도 좋다. 아이가 이미 어른이 되었다면 20년을 1권으로 만드는 방법도 추천한다. 성인식 때 아이에게 선물하면 좋을 것 같다.

Q

본인의 옛날 사진은 어떻게
보관하는가?

A

학창시절, 사진마다 작은 코멘트를 적어 앨범을 만드는 즐거움에 빠진 적이 있다. 그때는 수납의 편리성까진 생각하지 못해 앨범 크기가 제각각이다. 다 꺼내 다시 정리하기도 불가능하고 수납장에 같이 수납할 수 없어서 종이박스에 넣어 남편의 옛날 사진과 함께 침실 옷장에 넣어 두었다.

OUR
HOME

조금은 이기적으로,
조금은 느긋하게

블로그를 시작한 지 5년째에 접어들면서 나는 정리수납 어드바이저로 활발하게 고객들을 만나고 있었다. 책을 출판하자는 제의를 받은 것도 그 즈음이다. 조금씩 유명세를 타면서 고객들과 직접 만나는 횟수도 급격하게 늘어갔다. 그런데 고객을 만나면 만날수록 내 안에 크게 느껴지는 바가 있었다. 바로 '마음 정리와 공간 정리가 깊이 연결돼 있다'는 점이었다.

나를 찾아오는 사람들은 대개 수납 초보거나 한두 번 도전했다가 실패를 경험해본 사람들이다. 그런데 이들과 대화를 나눠 보면 묘한 공통점이 하나 있다. 바로 마음이 우울하고, 복잡한 감정에서 벗어나고 싶어한다는 점이다. 놀라운 것은 함께 집안 정리를 하고 나면 어느새 우울하고 복잡한 감정에서 벗어나 감정 상태가 눈에 띄게 좋아진다는 사실이다. 나는 그때 깨달았다. 실타래처럼 엉킨 마음과 복잡한 현실에서 벗어나고 싶을 때 정리만큼 좋은 도구는 없다는 것을.

이후부터 나는 기분이 우울하거나 스트레스가 많은 사람일수록 정리와 수납에 도전해보라고 권하고 다닌다. 집은 먹고 자는 공간일 뿐 아니라 마음이 쉬는 중요한 장소이기 때문이다. 수납 초보자들의 또다른 공통점은 늘 생각만 하고 행동으로 옮기지 않는다는 점이다. 하지만 생각만 하는 것과 조금이라도 직접 해보는 것은 결과적으로 엄청나게 다르다. 주방의 식기 위치 하나만 바꿔도 기분이 달라지는 것을 체험할 수 있을 것이다. 지금 기분이 조금이라도 울적한 사람이 있다면 당장 일어나 평소 미뤄

둔 집안 정리를 해보라. 스스로 깜짝 놀랄 만큼 기분이 달라질 것이다.

 컨설팅을 하면서 또 하나 느낀 점은, 사람들이 생각보다 훨씬 더 타인의 시선을 신경 쓰면서 산다는 점이다. 내 가족에게 무엇이 편할까보다 남들 눈에 어떻게 보일까를 더 중요하게 생각하는 사람이 많았다. 또 수납의 편의성보다는 눈에 보이는 시각적 효과에 얽매이는 사람도 적지 않았다. 특히 일하는 엄마들이 집에만 있는 주부보다 훨씬 더 완벽해야 한다는 강박관념에 시달리고 있었다. 아마 여러 가지 일을 하다 보니 그 중 하나도 제대로 하지 못할 거라는 불안감이 크기 때문인 것 같다.

나는 이런 분들에게 '이기적이 되라' '완벽함을 포기하라'고 주문한다. 타인의 시선이 아니라 내 가족의 습관에 맞는 편안한 시스템을 만드는 것이 중요하다. 특히 일하는 엄마라면 완벽해야 한다는 생각에서 반드시 벗어나야 한다. 어떤 여자도 집안 일, 직장 일, 육아까지 완벽하게 해낼 수는 없다. 철저함보다는 적당히, 완벽하기보다는 느긋하고 기분 좋게 생활할 수 있는 시스템이라야 자신이 편해진다. 엄마가 편해야 장기적으로 가족 모두가 행복해진다.

이 책을 읽은 독자들 중에는 내 방식이 너무 식상하거나 다소 이기적이라고 느끼는 사람도 있을 것이다. 하지만 나는 앞으로도 적당히, 조금은 이기적으로 살면서 내 가족이 누릴 수 있는 여유와 행복을 포기하지 않을 생각이다. 그것이 아이들에게 더 완벽함을 요구하거나 나를 들볶는 것보다 훨씬 더 중요하기 때문이다. 요즘 부쩍 시키지 않아도 맡은 일을 척척 해내는 쌍둥이를 보고 있노라면 그동안 조금씩 교육을 한 보람을 느낀다. 이 책이 바쁘고 지친 여러분의 가정에도 멋진 변화의 바람을 가져다 주길 바란다.

옮긴이 **박재현**

상명대학교 일어일문학과를 졸업하고 일본으로 건너가 일본외국어전문학교 일한 통·번역학과를
졸업했다. 일본도서 저작권 에이전트로 일했으며, 현재는 출판기획 및 전문 번역가로 활동 중이다.
번역서로『투룸 수납 인테리어』『니체의 말』『괴테의 말』『장이 살아야 내 몸이 산다』『면역력이 살아
야 내 몸이 산다』『선을 넘지 마라』『하루에 한 번 마음 돌아보기』『불안한 원숭이는 왜 물건을 사지
않는가』등이 있다.

0~10세 아이를 둔 엄마들의 정리수납 지침서

육아 수납 인테리어

1판 1쇄 펴낸 날 2014년 6월 30일
1판 5쇄 펴낸 날 2017년 9월 25일

지은이 ｜ Emi
옮긴이 ｜ 박재현

펴낸이 ｜ 박경란
펴낸곳 ｜ 심플라이프
등　록 ｜ 제2011-000219호(2011년 8월 8일)
주　소 ｜ 경기도 파주시 문발로 141 M빌딩 3층 303-1호
전　화 ｜ 031-941-3887
팩　스 ｜ 031-941-3667
이메일 ｜ simplebooks@daum.net
블로그 ｜ http://simplebooks.blog.me

ISBN 979-11-951549-1-3　13590

• 이 도서의 국립중앙도서관 출판시도서목록(CIP)은 서지정보유통지원시스템 홈페이지(http://seoji.nl.go.kr)와 국가자
　료공동목록시스템(http://www.nl.go.kr/kolisnet)에서 이용하실 수 있습니다.(CIP제어번호: 2014017492)

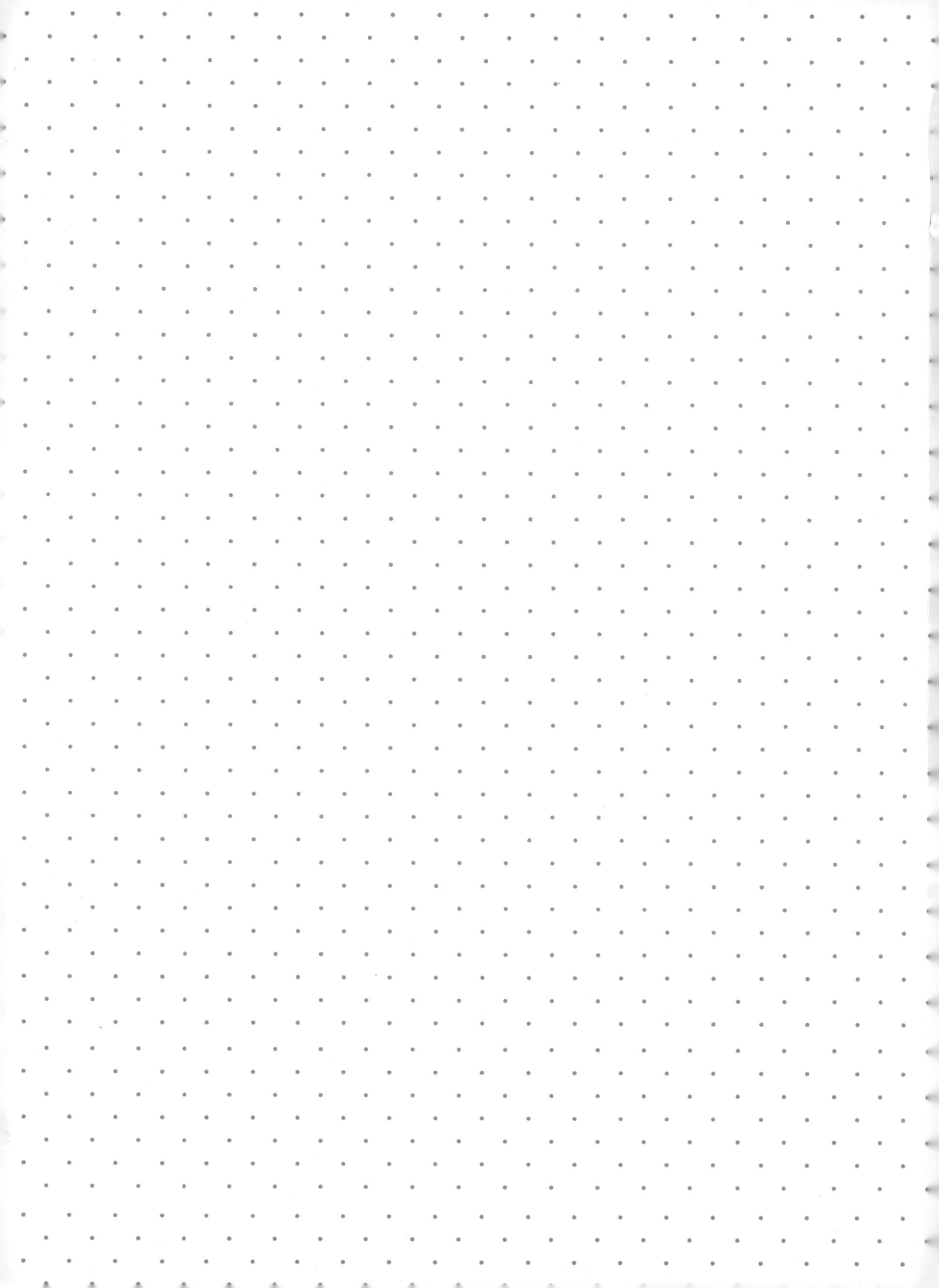